U0231681

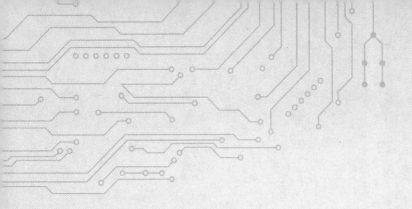

《西门子PLC与变频器、触摸屏实训教程》
编委会

主　编　张榆进

副主编　施　佳　　周　洁

参　编　尹自永　　赵秀华　　杨　熹　　王昱婷

　　　　　　晋崇英　　张　雷　　陆学聪　　七林农布

　　　　　　蔡宇镭　　雷　钧　　殷国鑫

西门子PLC与变频器触摸屏实训教程

XIMENZI PLC YU BIANPINQI
CHUMOPING SHIXUN JIAOCHENG

张榆进　主编

云南大学出版社

YUNNAN UNIVERSITY PRESS

图书在版编目（CIP）数据

西门子PLC与变频器、触摸屏实训教程/张榆进主编
. -- 昆明：云南大学出版社，2019（2023重印）
理实一体化教材
ISBN 978-7-5482-3729-7

Ⅰ.①西…Ⅱ.①张…Ⅲ.①PLC技术—教材②变频
器—教材③触摸屏—教材Ⅳ.①TM571.61②TN773
③TP334.1

中国版本图书馆CIP数据核字(2019)第136999号

特约编辑：韩　雪
责任编辑：朱　军
策　　划：孙吟峰　朱　军

理实一体化教材

西门子PLC与变频器
触摸屏实训教程

XIMENZI PLC YU BIANPINQI
CHUMOPING SHIXUN JIAOCHENG

张榆进　主编

出版发行：云南大学出版社
印　　装：昆明瑾煜印务有限公司
开　　本：787mm×1092mm　1/16
印　　张：12.5
字　　数：304千
版　　次：2019年8月第1版
印　　次：2023年2月第3次印刷
书　　号：ISBN 978-7-5482-3729-7
定　　价：55.00元

地　　址：昆明市一二一大街182号（云南大学东陆校区英华园内）
邮　　编：650091
电　　话：（0871）65031071　65033244
E – mail：market@ynup.com

本书若有印装质量问题，请与印厂联系调换，联系电话：64167045。

总　序

根据《国家职业教育改革实施方案》中对职业教育改革提出的服务 1 + X 的有机衔接，按照职业岗位(群)的能力要求，重构基于职业工作过程的课程体系，及时将新技术、新工艺、新规范纳入课程标准和教学内容，将职业技能等级标准等有关内容融入专业课程教学，遵循育训结合、长短结合、内外结合的要求，提供满足于服务全体社会学习者的技术技能培训要求，我们编写了这套系列教材。将理论和实训合二为一，以"必需"与"够用"为度，将知识点作了较为精密的整合，内容深入浅出，通俗易懂。既有利于教学，也有利于自学。在结构的组织方面大胆打破常规，以工作过程为教学主线，通过设计不同的工程项目，将知识点和技能训练融于各个项目之中，各个项目按照知识点与技能要求循序渐进编排，突出技能的提高，符合职业教育的工学结合，真正突出了职业教育的特色。

本系列教材可作为高职高专学校电气自动化、供用电技术，应用电子技术、电子信息工程技术、机电一体化等相关专业的教材和短期培训的教材，也可供广大工程技术人员学习和参考。

目　录

第一篇　可编程控制器概述

第二篇　可编程控制器（PLC）实训

第三篇　变频器概述

第四篇　触摸屏概述

第一篇 可编程控制器概述

第一章 S7 - 200 PLC 基础知识

一、PLC 定义

可编程控制器(PLC)最早出现在 20 世纪 60 年代末的美国,是在继电器控制和计算机技术的基础上,逐渐发展起来的一种以微处理器为核心,集微电子技术、自动化技术、计算机技术、通信技术为一体,以工业自动化控制为目标的新型控制装置。

1987 年,国际电工委员会(IEC)颁布了可编程逻辑控制器的定义:"可编程逻辑控制器是专为在工业环境下应用而设计的一种数字运算操作的电子装置,是带有存储器、可以编制程序的控制器。它能够存储和执行命令,进行逻辑运算、顺序控制、定时、计数和算术运算等操作,并通过数字式和模拟式的输入/输出,控制各种类型的生产过程。可编程控制器及其有关的外围设备,都应按易于工业控制系统形成一个整体、易于扩展其功能的原则设计。"

二、PLC 的分类和特点

(一)PLC 的分类

1. 按 I/O 点数分类

小型 PLC:I/O 点数在 256 点以下;

中型 PLC:I/O 点数在 256 ~ 1024 点;

大型 PLC:I/O 点数在 1024 点以上。

2. 按结构形式分类

按结构形式分为整体式结构和模块式结构两大类。

3. 按用途分类

按用途分为通用型和专用型两大类。

(二)PLC 的特点

1. 使用于工业环境,抗干扰能力强。

2. 可靠性高。

无故障工作时间(平均)为数十万小时并可构成多机冗余系统。

3. 控制能力极强。

可用于算术、逻辑运算、定时、计数、PID 运算、过程控制、通信等。

4. 使用、编程方便。

梯形图(LAD)、语句表(STL)、功能图(FBD)、控制系统流程图等编程语言通俗易懂，使用方便。

5. 组成灵活。

小型 PLC 为整体结构，可外接 I/O 扩展机箱构成 PLC 控制系统。

中大型 PLC 采用分体模块式结构，设有各种专用功能模块(开关量、模拟量输入、输出模块，位控模块，伺服、步进驱动模块，通信模块等)供选用和组合，由各种模块组成大小和要求不同的控制系统。

三、PLC 的结构

PLC 的类型繁多，功能和指令系统也不尽相同，但结构与工作原理则大同小异，通常由主机、输入/输出接口、电源、编程器扩展器接口和外部设备接口等几个主要部分组成。结构如图 1-1 所示。

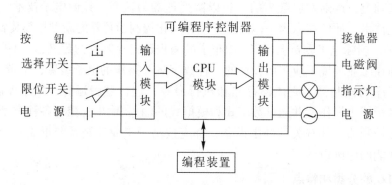

图 1-1 PLC 硬件系统结构

(一)主 机

主机部分包括中央处理器(CPU)、系统程序存储器和用户程序及数据存储器。CPU 是 PLC 的核心，它用以运行用户程序、监控输入/输出接口状态、做出逻辑判断和进行数据处理，即读取输入变量、完成用户指令规定的各种操作，将结果送到输出端，并响应外部设备(如编程器、电脑、打印机等)的请求以及进行各种内部判断等。

PLC 的内部存储器分为两类，一类是系统程序存储器，主要存放系统管理和监控程序及对用户程序作编译处理的程序，系统程序已由厂家固定，用户不能更改；另一类是用户程序及数据存储器，主要存放用户编制的应用程序及各种暂存数据和中间结果。

(二)输入/输出(I/O)接口

I/O 接口是 PLC 与输入/输出设备连接的部件。

输入接口接受输入设备(如按钮、传感器、触点、行程开关等)的控制信号。输出接口是将主机经处理后的结果通过功放电路去驱动输出设备(如接触器、电磁阀、指示灯等)。

I/O 接口一般采用光电耦合电路，以减少电磁干扰，从而提高了可靠性。I/O 点数即输入/输出端子数，是 PLC 的一项主要技术指标，通常小型机有几十个点，中型机有几百个点，大型机超过几千个点。

（三）电 源

电源是指为 CPU、存储器、I/O 接口等内部电子电路工作所配置的直流开关稳压电源，通常也为输入设备提供直流电源。

（四）编程器

编程器是 PLC 的一种主要的外部设备，用于手持编程，用户可用以输入、检查、修改、调试程序或监视 PLC 的工作情况。除手持编程器外，还可通过适配器和专用电缆线将 PLC 与电脑连接，并利用专用的工具软件进行电脑编程和监控。

（五）输入/输出扩展单元

I/O 扩展接口用于连接扩充外部输入/输出端子数的扩展单元与基本单元(即主机)。

（六）外部设备接口

此接口可将编程器、打印机、条码扫描仪等外部设备与主机相连，以完成相应的操作。

四、PLC 的工作原理

（一）PLC 的工作方式

PLC 是采用"顺序扫描，不断循环"的方式进行工作的。

在 PLC 运行时，CPU 根据用户按控制要求编制好并存于用户存储器中的程序，"从左到右，自上而下"作周期性循环扫描，如无跳转指令，则从第一条指令开始逐条顺序执行用户程序，直至程序结束。然后重新返回第一条指令，开始下一轮新的扫描。

在每次扫描过程中，还要完成对输入信号的采样和对输出状态的刷新等工作。

（二）PLC 的扫描周期

PLC 的一个机器扫描周期(即用户程序运行一次)，分为读输入(输入采样)，执行程序，处理通信请求，执行 CPU 自诊断，写输出(输出刷新)等五个阶段。CPU 扫描周期如图 1-2 所示。

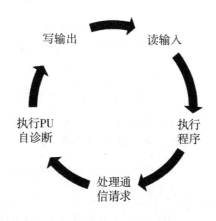

图 1-2 CPU 扫描周期

一般地,PLC 的扫描周期被简化为读输入(输入采样)、执行用户程序和写输出(输出刷新)三个阶段。

在读输入(输入采样)阶段,PLC 首先以扫描方式按顺序将所有暂存在输入锁存器中的输入端子的通断状态或输入数据读入,并将其写入各对应的输入状态寄存器中,即刷新输入。随即关闭输入端口,进入程序执行阶段。

在执行用户程序阶段,PLC 按用户程序指令存放的先后顺序扫描执行每条指令,执行的结果再写入输出状态寄存器中,输出状态寄存器中所有的内容随着程序的执行而改变。

在写输出(输出刷新)阶段,当所有指令执行完毕,PLC 将输出状态寄存器的通断状态在输出刷新阶段送至输出锁存器中,并通过一定的方式(继电器、晶体管或晶闸管)输出,驱动相应输出设备工作。

五、PLC 程序的编制

(一)编程软元件

PLC 是采用软件编制程序来实现控制要求的。

在 PLC 内部,设计了编程使用的输入继电器(I)、输出继电器(Q)、位存储器(M)、定时器(T)、计数器(C)、变量存储器(V)、局部存储器(L)、特殊存储器(SM)、高速计数器(HC)、累加器(AC)、模拟量输入继电器(AI)、模拟量输出继电器(AQ)等11种软元件。

S7 - 200 编程软元件及功能说明见表1 - 1。

表1 - 1 S7 - 200 编程软元件及功能说明

元件名称	代表字母	功能说明
输入继电器	I	接受外部数字量的输入信号
输出继电器	Q	输出程序执行结果并驱动外部设备
内部标志位	M	作为控制继电器(又称中间继电器),用来存储中间操作状态和控制信息,在程序内部使用,不能提供外部输出
定时器	T	用于时间控制,是对内部时钟累计时间增量的设备。主要参数有定时器预置值、当前计时值和状态位
计数器	C	用于累计其输入端输入脉冲个数
高速计数器	HC	用来累计比 CPU 扫描速率更快的事件
顺序控制继电器	S	又称状态元件,用于组织机器操作或进入等效程序段的步骤,以实现顺序控制和步进控制
变量存储器	V	全局有效。存储程序执行过程中的中间结果及保存与工序或任务相关的其他数据
局部存储器	L	局部有效。共有64个字节,其中60个字节可作为临时存储器或给子程序传递参数,最后4个字节为系统保留字节

续表 1 – 1

元件名称	代表字母	功能说明
特殊存储器	SM	CPU 与用户之间交换信息，可用 SM 位选择和控制 S7 – 200 CPU 的一些特殊功能
累加寄存器	AC	用来暂时存放计算的中间值
模拟量输入继电器	AI	接受由外部模拟量值(如温度或电压)转换成的 1 个字长数字量信号
模拟量输出继电器	AQ	输出由 1 个字长的数字值按比例转换成的模拟量值(如电流或电压)

（二）S7 – 200 PLC 数据的存取

1. 编址方式

S7 – 200 PLC 在数据存储区为每一种软元件分配了一个存储区域，信息就存储于不同的存储器单元中，每个存储单元都有唯一的地址。S7 – 200 PLC 存储器范围及特性见表 1 – 2。

表 1 – 2　S7 – 200 CPU 存储器范围及特性

描　述	CPU 221	CPU 222	CPU 224	CPU 226
用户程序(W)	2KB	2KB	4KB	8KB
用户数据(W)	1KB	1KB	4KB	5KB
输入映像寄存器	I0. 0 ~ I15. 7	I0. 0 ~ I15. 7	I0. 0 ~ I15. 7	I0. 0 ~ I15. 7
输出映像寄存器	Q0. 0 ~ Q15. 7	Q0. 0 ~ Q15. 7	Q0. 0 ~ Q15. 7	Q0. 0 ~ Q15. 7
模拟量输入(只读)	AIW0 ~ AIW30	AIW0 ~ AIW30	AIW0 ~ AIW62	AIW0 ~ AIW62
模拟量输出(只写)	AQW0 ~ AQW30	AQW0 ~ AQW30	AQW0 ~ AQW62	AQW0 ~ AQW62
变量存储器(V)	VB0 ~ VB2047	VB0 ~ VB2047	VB0 ~ VB8191	VB0 ~ VB10239
局部存储器(L)	LB0 ~ LB63	LB0 ~ LB63	LB0 ~ LB63	LB0 ~ LB63
位存储器(M)	M0. 0 ~ M31. 7	M0. 0 ~ M31. 7	M0. 0 ~ M31. 7	M0. 0 ~ M31. 7
特殊存储器 (SM)只读	SM0. 0 ~ SM179. 7 SM0. 0 ~ SM29. 7	SM0. 0 ~ SM299. 7 SM0. 0 ~ SM29. 7	SM0. 0 ~ SM549. 7 SM0. 0 ~ SM29. 7	SM0. 0 ~ SM549. 7 SM0. 0 ~ SM29. 7
定时器	T0 ~ T255	T0 ~ T255	T0 ~ T255	T0 ~ T255

续表 1 - 2

描　述		CPU 221	CPU 222	CPU 224	CPU 226
有记忆通电延迟	1 ms	T0, T64	T0, T64	T0, T64	T0, T64
	10 ms	T1 ~ T4, T65 ~ T68	T1 ~ T4, T65 ~ T68	T1 ~ T4, T65 ~ T68	T1 ~ T4, T65 ~ T68
	100 ms	T5 ~ T31, T69 ~ T95	T5 ~ T31, T69 ~ T95	T5 ~ T31, T69 ~ T95	T5 ~ T31, T69 ~ T95
接通/关断延迟	1 ms	T32, T96	T32, T96	T32, T96	T32, T96
	10 ms	T33 ~ T36, T97 ~ T100	T33 ~ T36, T97 ~ T100	T33 ~ T36, T97 ~ T100	T33 ~ T36, T97 ~ T100
	100 ms	T37 ~ T63, T101 ~ T255	T37 ~ T63, T101 ~ T255	T37 ~ T63, T101 ~ T255	T37 ~ T63, T101 ~ T255
计数器		C0 ~ C255	C0 ~ C255	C0 ~ C255	C0 ~ C255
高速计数器		HC0, HC3, HC4, HC5	HC0, HC3, HC4, HC5	HC0 ~ HC5	HC0 ~ HC5
顺序控制继电器		S0.0 ~ S31.7	S0.0 ~ S31.7	S0.0 ~ S31.7	S0.0 ~ S31.7
累加寄存器		AC0 ~ AC3	AC0 ~ AC3	AC0 ~ AC3	AC0 ~ AC3
跳转/标号		0 ~ 255	0 ~ 255	0 ~ 255	0 ~ 255
调用/子程序		0 ~ 63	0 ~ 63	0 ~ 63	0 ~ 63
中断时间		0 ~ 127	0 ~ 127	0 ~ 127	0 ~ 127
PID 回路		0 ~ 7	0 ~ 7	0 ~ 7	0 ~ 7
通信端口		0	0	0	0, 1

　　S7 - 200 PLC 的编址方式分为位(bit)、字节(byte)、字(word)、双字(double word)编址。一个位即为有 0、1 状态的位逻辑器件，一个字节由 8 个位组成，一个字由 16 个位组成，一个双字由 32 个位组成。

　　软元件的地址编号采用区域标志符(如 I、Q、M、V 等)加上区域内编号的方式，如图 1 - 3、图 1 - 4 所示。

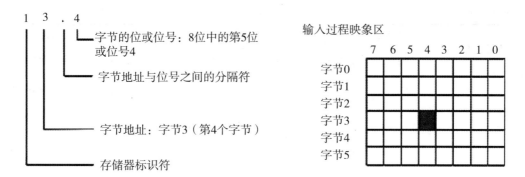

图 1 - 3　位地址

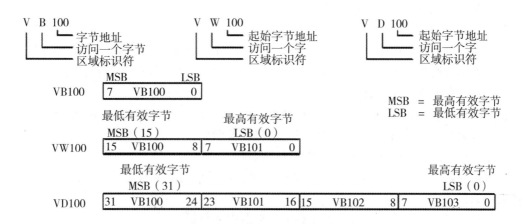

图 1 - 4　字节、字、双字地址

2. 数值的表示方法

S7 - 200 PLC 可在存储单元中存放布尔型(BOOL)、整数型(INT)和实数型(REAL)等三种类型的数据。布尔型数据指字节型无符号整数,整数型数据包括16 位符号整数(INT)和32 位符号整数(DINT),实数型数据采用32 位单精度数来表示。表1 - 3 给出了不同长度数值所能表示的十进制和十六进制作数范围。

表 1 - 3　不同长度的数据表示的十进制和十六进制数范围

数据大小	无符号整数		符号整数		实数 IEEE32 位浮点数	
	十进制	十六进制	十进制	十六进制	十进制	十六进制
B(字节) 8 位值	0 ~ 255	0 ~ FF	- 128 ~ 127	80 ~ 7F	—	—
W(字) 16 位值	0 ~ 65535	0 ~ FFFF	- 32768 ~ 32767	—	—	—

续表 1 - 3

数据大小	无符号整数		符号整数		实数 IEEE32 位浮点数	
	十进制	十六进制	十进制	十六进制	十进制	十六进制
DW（双字）32 位值	0 ~ 4294967295	0 ~ FFFFFFFF	– 2147483648 ~ 2147843647	80000000 ~ 7FFFFFFF	+ 1.175495E – 38 到 + 3.402823E + 38（正数）	– 1.175495E – 38 到 – 3.402823E + 38（负数）

　　除了以上三种数据类型外，常数也常用于 S7 - 200 PLC 的许多指令中，其长度可以是字节、字或双字，以二进制的方式存储于 CPU 中。

　　3. 寻址方式

　　PLC 的每条指令由两部分组成：操作码和操作数。操作码指出这条指令的功能是什么，操作数则指明了操作码所需要的数据所在。S7 - 200 将信息存放于不同的存储器单元，每个存储器单元都有一个唯一确定的地址，系统允许用户以字节、字、双字为单位存、取信息。提供参与操作的数据地址，称为寻址方式。S7 - 200 的寻址方式可分为立即数寻址、直接寻址和间接寻址三类，寻址范围见表 1 - 4。

　　立即数寻址的数据在指令中以常数形式出现。

　　直接寻址方式是指在指令中直接使用存储器或寄存器的元件名称和地址编号，直接查找数据。

　　间接寻址方式是使用地址指针来存取存储器中的数据。

表 1 - 4　操作数寻址范围

数据类型	寻址范围
BYTE	IB, QB, MB, SMB, VB, SB, LB, AC, 常数，＊VD, ＊AC, ＊LD
INT/WORD	IW, QW, MW, SW, SMW, T, C, VW, AIW, LW, AC, 常数，＊VD, ＊AC, ＊LD
REAL	ID, QD, MD, SMD, VD, SD, LD, AC, 常数，＊VD, ＊AC, ＊LD

（三）编程语言

　　程序编制，就是用户根据控制对象的要求，利用 PLC 厂家提供的程序编制语言，将一个控制要求描述出来的过程。

　　PLC 最常用的编程语言有梯形图、语句表、功能块图等，其中最常用的是梯形图语言和语句表语言。

　　1. 梯形图（语言）

　　梯形图是一种从继电器控制电路图演变而来的图形语言。它是借助类似于继电器的动合、动断触点、线圈、指令盒以及串、并联等术语和符号，根据控制要求连接而成的，表示 PLC 输入和输出之间逻辑关系的图形，直观易懂。

梯形图中常用┤I0.0├和┤I0.1/├图形符号分别表示 PLC 编程元件的动合融点和动断触点；用─(Q0.0)─表示线圈；用 [IN T33 TON / 500-PT 10 ms] 表示指令盒。

梯形图指令由触点或线圈、指令盒等符号和地址两部分组成。设计原则是：

（1）梯形图按从左到右、自上而下的顺序排列。每一逻辑行（或称梯级）起始于左侧母线，然后是触点的串、并连接，最后是线圈。

（2）梯形图中每个梯级流过的不是物理电流，而是"能量流"，从左侧母线开始，向右逐级流过。这个"能量流"只是用来形象地描述用户程序执行中应满足线圈接通的条件。

（3）输入继电器用于接收外部输入信号，而不能由 PLC 内部其他继电器的触点来驱动。因此，梯形图中只出现输入继电器的触点，而不出现其线圈。输出继电器输出程序执行结果给外部输出设备，当梯形图中的输出继电器线圈得电时，就有信号输出，但不是直接驱动输出设备，而要通过输出接口的继电器、晶体管或晶闸管才能实现。输出继电器的触点也可供内部编程使用。

2. 指令语句表

指令语句表是一种用指令助记符来编制 PLC 程序的语言，它类似于计算机的汇编语言，但比汇编语言易懂易学。一条指令语句由指令助记符和操作数两部分组成，若干条指令组成的程序就是指令语句表。

下例为 PLC 实现三相鼠笼电动机起/停控制的两种编程语言的表示方法：

（1）继电器接触控制线路图	（2）梯形图	（3）指令语句表
SS ─/─ ST ─/─ KM[□] KM ─/─	I0.0 ┤├ I0.1 ┤/├ Q0.0 ─( ) Q0.0 ┤├	LD　　I0.0 O　　　Q0.0 AN　　I0.1 =　　　Q0.0

六、S7 - 200 PLC 指令

S7 - 200 PLC 可以使用56条基本的逻辑处理指令、27条数字运算指令、11条定时器/计数器指令、4条实时钟指令、84条其他应用指令，总计指令数达到时182条，见附录一。

七、梯形图程序设计规则

1. 梯形图的每一行都是从左边母线开始，然后是各种触点的逻辑连接，最后以线圈或指令盒结束。

2. 线圈不能直接与左母线相连。如果需要，可以通过一个没有使用的内部继电器（M）的常闭接点或者特殊内部继电器（SM）的常开接点来连接。

3. 同一编号的线圈在一个程序中使用两次称为双线圈输出。双线圈输出容易引起误操作，应尽量避免线圈重复使用。

4. 两个或两个以上的线圈可以并联输出。

5. 在有几个串联回路相并联时，应将触头多的那个串联回路放在梯形图的最上面。在有几个并联回路相串联时，应将触点最多的并联回路放在梯形图的最左面。

第二章　STEP7 – Micro/WIN 编程软件的使用

STEP 7 – Micro/WIN 是西门子公司专为 SIMATIC S7 – 200 系列 PLC 研制开发的编程软件，它是基于 Windows 的应用软件，功能强大，为用户开发、编辑和监控自己的应用程序提供了良好的编程环境。其基本功能有如下：

1. STEP 7 – Micro/WIN 是在 Windows 平台上运行的 SIMATIC S7 – 200 PLC 编程软件，简单、易学，能够解决复杂的自动化任务。

2. 适用于所有 SIMATIC S7 – 200 PLC 机型的软件编程。

3. 支持 STL、LAD、FBD 三种编程语言，可以在三者之间随时切换。

4. 具有密码保护功能。

5. STEP 7 – Micro/WIN 提供软件工具帮助调试和测试程序。包括：监视 S7 – 200 正在执行的用户程序状态、为 S7 – 200 指定运行程序的扫描次数、强制变量值等。

6. 指令向导功能：PID 自整定界面、PLC 内置脉冲串输出（PTO）和脉宽调制（PWM）指令向导、数据记录向导、配方向导。

7. 支持 TD 200 和 TD 200C 文本显示界面（TD 200 向导）。

一、V4. 0 STEP 7 – Micro/WIN 软件编程窗口介绍

双击图标 ，打开 V4. 0 STEP 7 – Micro/WIN 软件，编程窗口如图 1 – 5 所示。

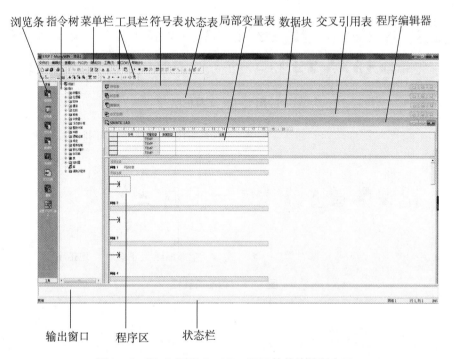

图 1 – 5　V4. 0 STEP 7 – MicroWIN 软件的编程窗口

（一）浏览条

显示编程特性的按钮控制群组，包含查看和工具两部分。

查看：显示程序块、符号表、状态图、数据块、系统块、交叉引用表、通信及设置 PGPC 接口图标。

工具：显示指令向导、TD 200 向导、位置控制向导、EM53 控制面板及调制解调器扩展向导等工具。

（二）指令树

提供所有项目对象和为当前程序编辑器（LAD、FBD 或 STL）需要的所有编程指令的树形视图。

（三）菜单栏

使用鼠标或键盘操作各种命令和工具，如图 1 - 6 所示。

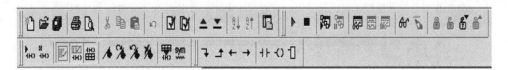

图 1 - 6　菜单栏

（四）工具栏

提供常用命令或工具的快捷按钮，如图 1 - 7、图 1 - 8、图 1 - 9、图 1 - 10、图 1 - 11 所示。

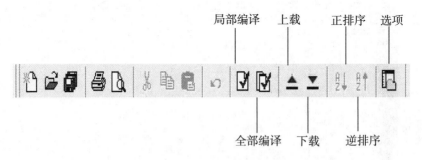

图 1 - 7　工具栏

图 1 - 8　标准工具栏

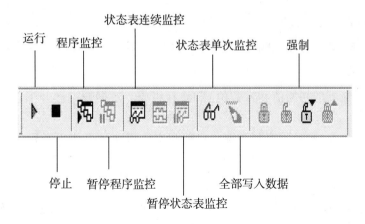

图1-9　调试工具栏

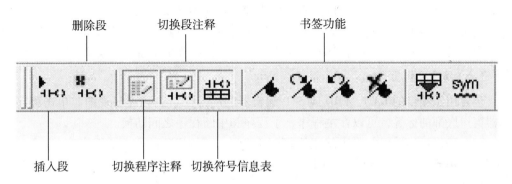

图1-10　常用工具栏

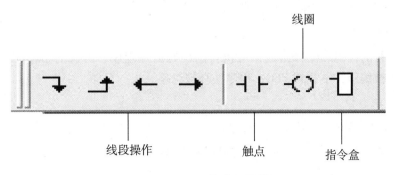

图1-11　LAD指令工具栏

（五）符号表

允许程序员用符号来代替存储器的地址，符号地址便于记忆、使程序更容易理解。程序编译后下载到PLC时，所有的符号地址会被转换为绝对地址。

（六）状态表

用来观察程序执行时，指定的输入、输出或内部变量的状态。状态表并不下载到PLC，仅仅是监控用户程序运行情况的一种工具。

（七）局部变量表

包含对局部变量所作的赋值（即子程序和中断程序使用的变量数据块）。

（八）数据块

由数据（存储器的初始值和常数值）和注释组成。数据被编译并下载到 PLC，注释被忽略。

对于继电器——接触器控制系统，一般只有主程序，不使用子程序、中断程序和数据块。

（九）交叉引用表

列举出程序中使用的各操作数在哪一个程序块的什么位置出现，以及使用它们的指令助记符。还可以查看哪些内存区域已经被使用，作为位使用还是作为字节使用等。在运行方式下编辑程序时，可以查看程序当前正在使用的跳变信号的地址。

交叉引用表不能下载到 PLC，程序编译成功后才能看到交叉引用表的内容。

在交叉引用表中双击某操作数，可以显示包含该操作数的那一部分程序。

（十）程序编辑器

包含用于项目的 LAD、FBD 或 STL 编辑器的局部变量表和程序视图。单击程序编辑器窗口底部的标签，可以在主程序、子程序和中断程序之间切换。

S7－200 工程项目中规定的主程序只有一个，用 OB1 表示。子程序有 64 个，用 SBR0～SBR63 表示。中断程序有 128 个，用 INTO～INT127 表示。

（十一）输出窗口

在编译程序或指令库时提供信息。

（十二）程序区

由可执行的代码和注释组成，可执行的代码由主程序、可选的子程序和中断程序组成。代码被编译并下载到 PLC，程序注释被忽略。

（十三）状态栏

提示 STEP－Micro/WIN 的状态信息。

二、建立计算机与 S7－200 CPU 的通信

（一）计算机与 S7－200 CPU 通信方式

实现 PLC 与计算机之间的通信，可采用 USB/PPI＋电缆通信，或采用通信卡和 MPI 电缆，如图 1－12 所示。

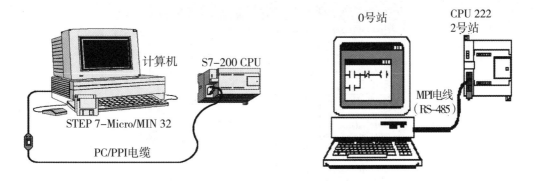

图 1 – 12　PLC 与计算机的通信

USB/PPI + 电缆通信一般比较常用也比较便宜。它将计算机的 USB 与 PLC 的 RS – 485 通信口连接。USB/PPI + 电缆中间有通信模块，如图 1 – 13 所示，通过拨动 DIP 开关设置波特率，系统默认波特率为 9.6 kbps。

图 1 – 13　USB/PPI 电缆

(二)通信参数的设置

打开"Setting the PG/PC"对话框，"Micro/WIN"出现在"Access point of application (应用的访问接点)"列表框中。选择"PC/PPI cable(PPI)"，单击"设置 PG/PC 接口"对话框中的"属性(Properties)"按钮，然后在弹出的窗口中设置通信参数。如图 1 – 14 所示

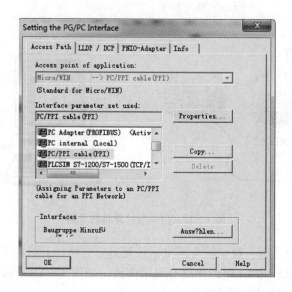

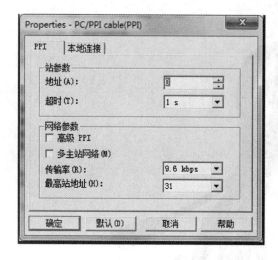 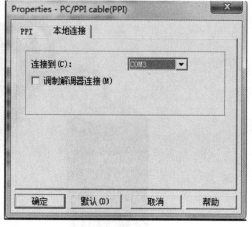

图 1-14　通信参数设置方法

三、V4.0 STEP 7 - Micro/WIN 编程软件的使用

（一）程序的输入、编辑

通常利用 LAD 进行程序的输入。

程序的编辑包括程序的剪切、拷贝、粘贴、插入和删除，字符串替换、查找等。还可以利用符号表对 POU 中的符号赋值。

（二）程序的编译及上、下载

编译：程序的编译，能明确指出错误的网络段，可以根据错误提示对程序进行修改，然后再次编译，直至编译无误。

下载：用户程序编译成功后，将下载块中选中的下载内容下载到 PLC 存储器中。

上载（载入）：上载可以将 PLC 中未加密的程序或数据向上送入编程器（PC 机）。

(三)程序的运行、监视、调试

1. 程序运行方式的设置

(1)将工作方式开关置于 RUN 位置。

(2)将开关置于 TERM(终端)或 RUN 位置时,操作 STEP 7 – Micro/WIN32 菜单命令或按下快捷按钮对 CPU 工作方式进行软件设置。

2. 程序运行状态的监视

运用监视功能,在程序状态打开下,观察 PLC 运行时程序执行的过程中各元件的工作状态及运行参数的变化,如图 1 – 15 所示。

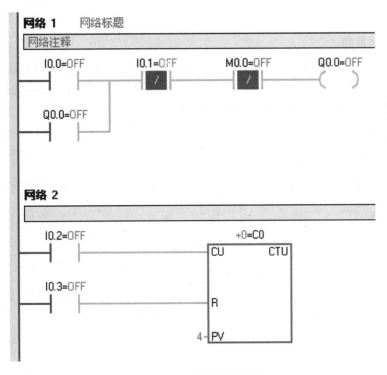

图 1 – 15 运行状态的监控

第二篇 可编程控制器(PLC)实训

实训一 基本指令的编程练习——与或非逻辑功能实验

一、实训目的

1. 熟悉 PLC 实验装置，正确完成 S7 – 200 系列可编程控制器的外部接线；
2. 了解编程软件 STEP 7 – Micro/WIN 的编程环境，学习软件的使用方法；
3. 掌握实现与、或、非逻辑功能的编程方法。

二、预备知识

(一)与、或、非逻辑运算

在布尔代数中，与、或、非是三种基本的逻辑运算。其逻辑关系与表达式如图1 – 1所示。

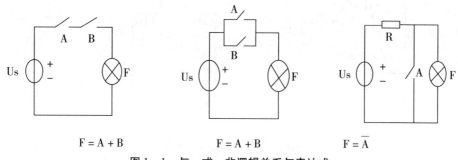

$$F = A + B \qquad F = A + B \qquad F = \overline{A}$$

图 1 – 1 与、或、非逻辑关系与表达式

(二)S7 – 200 PLC 硬件介绍

1. S7 – 200 CPU 模块

S7 – 200 CPU 是一个典型的整体式结构。一个中央处理单元、一个集成电源和数字量 I/O 点均装设在一个基本单元的机壳内，构成一个独立的控制系统。当系统需要扩展时，可选用需要的扩展模块与基本单元连接，如图 1 – 2 所示。

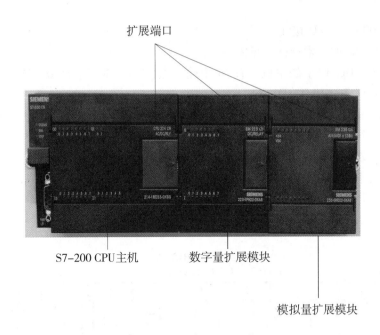

图 1 - 2

S7 – 200 PLC CPU224 AC/DC/RLY 的外形和结构，如图 1 – 3 所示。

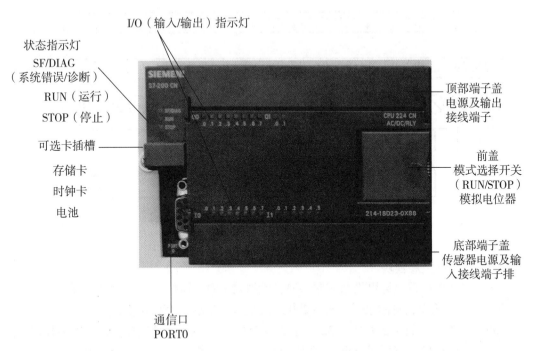

图 1 - 3　CPU224 AC/DC/RLY

2. S7 – 200 CPU I/O 接线

S7 – 200 CPU 的技术指标，见附录二。

CPU224AC/DC/RLY 的主机共有 14 个输入点（I0.0 ~ I0.7、I1.0 ~ I1.5）和 10 个输出点（Q0.0 ~ Q0.7、Q1.0 ~ Q1.1）。

输入电路采用双向光电耦合器，24 V DC 极性可任意选择。系统设置 1M 为输入端子 I 0.0 ~ I 0.7 的公共端，2M 为输入端子 I1.0 ~ I1.5 的公共端。继电器输出电路中，PLC 由 220 V 交流电源供电，负载采用了继电器驱动。系统将数字量输出分为三组，每组的公共端为本组的电源供给端，Q 0.0 ~ Q 0.3 共用 1L，Q 0.4 ~ Q 0.6 共用 2L，Q 0.7 ~ Q 1.1 共用 3L。

CPU224 AC/DC/RLY I/O 接线如图 1 – 4 所示。

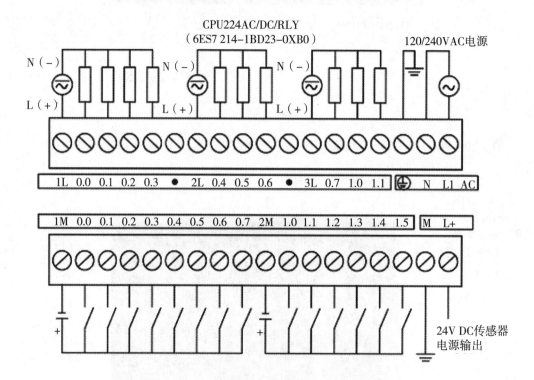

图 1 – 4　CPU224 AC/DC/RLY I/O 接线

3. S7 – 200 扩展模块

S7 – 200 PLC 系统可提供数字量 I/O、模拟量 I/O、通信、现场设备等 4 大类扩展模块、型号及用途，见附录三。S7 – 200 系统最多可扩展 7 个模块。

PLC 内部最大数字量 I/O 为 32 个字节或 256 点（32 × 8），其中输入点 IB0 ~ IB15 共 16 个字节（128 点），输出点 QB0 ~ QB15 也为 16 个字节（128 点）。最大模拟量 I/O 为 64 点，AIW0 ~ AIW62 共 32 个输出点（偶数递增）。S7 – 200 系列 PLC 主机基本单元最大输入、输出点数为 40 点（CPU226 为 24 输入 16 输出）。一般情况下都要在 PLC 主机基本单元基础上扩展一个数字量模块和一个模拟量模块（图 1 – 2）。

(三)基本位操作指令

梯形图的位操作指令有触点和线圈两大类,由触点或线圈符号直接位地址组成,如图1-5所示。触点又分为常开触点和常闭触点两种形式。一般触点表示输入的条件,如外部开关、按钮、限位等控制的输入继电器 I 或内部标志位 M 等;线圈表示输出结果,利用 PLC 输出点可直接驱动灯、继电器、接触器和电磁阀线圈等负载。

位操作指令是 PLC 常用的基本指令,能够实现基本的位逻辑运算和控制。

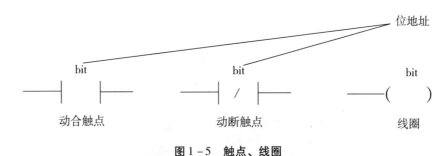

图1-5 触点、线圈

(四)输入/输出(I/O)继电器

输入/输出(I/O)继电器,是以字节为单位的继电器,可以按位操作,1 个位对应 1 个数字量的输入/输出点。输入(I)继电器接受外部输入信号,一个外部开关、按钮、限位的输入信号对应一个确定的输入点;输出(O)继电器输出程序执行的结果并驱动外部设备,外部每一个负载对应一个确定的输出点。

(五)实现与、或、非逻辑功能的参考程序

实现与、或、非逻辑功能的参考程序如图1-6所示。

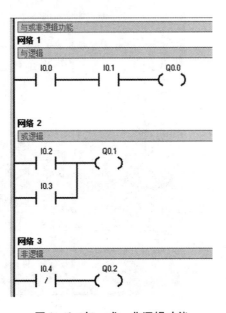

图1-6 与、或、非逻辑功能

三、实训设备

1. THWPMT - 2 型网络型高级维修电工及技师技能实训智能考核装置，如图 1 - 7 所示；

2. PLC - S2 实训挂件一个，如图 1 - 8 所示；

3. USB/PPI 通信编程电缆线一根；

4. 电脑一台；

5. 各种导线若干。

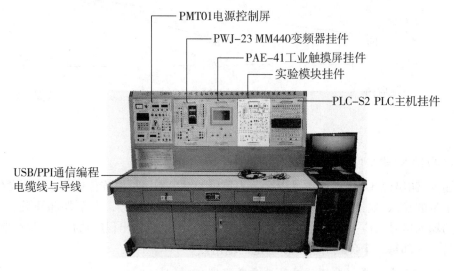

图 1 - 7　实训设备

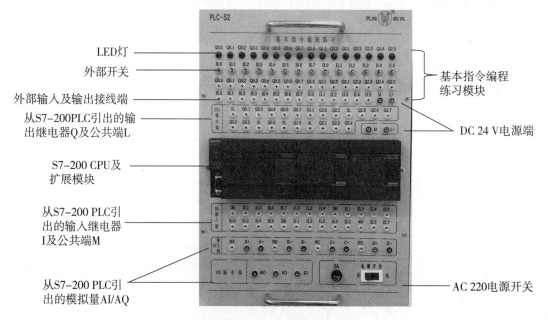

图 1 - 8　PLC - S2 实训挂件

四、实训操作步骤

(一)课前预习

1. 根据图 1-1 所示的与、或、非逻辑关系，完成表 1-2。

2. 认真阅读图 1-6 所给参考程序，I/O 地址分配表如表 1-1 所示。

表 1-1　T/O 地址分配表

输　入			输　出		
符　号	地　址	注　释	符　号	地　址	注　释
I0.0	I0.0	与输入	Q0.0	Q0.0	与输出
I0.1	I0.1	与输入	Q0.1	Q0.1	或输出
I0.2	I0.2	或输入	Q0.2	Q0.2	非输出
I0.3	I0.3	或输入			
I0.4	I0.4	非输入			

3. 根据 I/O 地址分配表，绘制 PLC 外部 I/O 接线图，如图 1-9 所示，保证硬件接线操作正确。

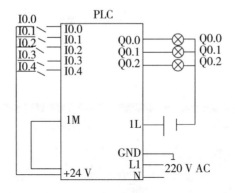

图 1-9　PLC 外部 I/O 接线图

(二)安装与接线

1. 在 THWPMT-2 型网络型高级维修电工及技师技能实训智能考核装置上挂上 PLC-S2 实训挂件，插上电源。

2. 在 PLC-S2 实训挂件上，根据 PLC 外部 I/O 接线图，用导线将图 1-8 所示的基本指令编程练习模块中的 I0.0、I0.1、I0.2、I0.3、I0.4、Q0.0、Q0.1、Q0.2 分别与 S7-200 PLC 主机上引出的 I0.0、I0.1、I0.2、I0.3、I0.4、Q0.0、Q0.1、Q0.2 对应连接。

3. 根据 PLC 外部 I/O 接线图，在 PLC-S2 实训挂件上，用导线将基本指令编程练习模块与 S7-200 PLC 主机上的 DC 24V 的 L(+)/M 对应连接，并将 S7-200 PLC 主机上输入的公共端 1M 和输出的公共端 1L 对应连接到 DC 24V 的 M/L(＋)。

4. 打开实验台 PMT01 电源控制屏上总电源开关。

(三)设计编写梯形图程序

1. 双击桌面上图标 [图标]，打开 V4.0 STEP 7 - Micro/WIN 软件。双击树形目录下的新特性，如图 1 - 10 所示，修改 PLC 的类型为 CPU224CN，并确认。

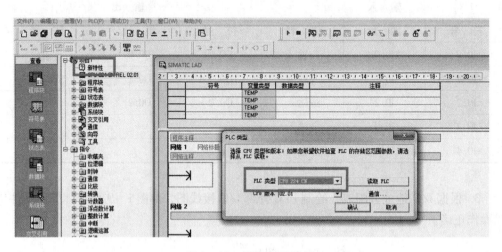

图 1 - 10　修改 CPU 类型

2. 打开树形目录下的"程序块"，双击"主程序"，如图 1 - 11 所示，打开梯形图编辑器窗口。

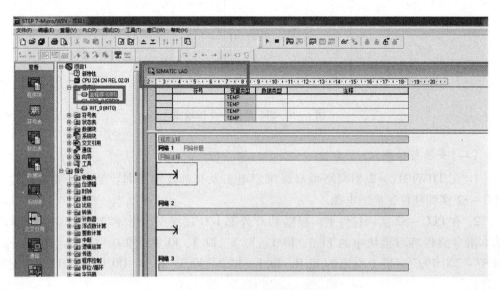

图 1 - 11　梯形图编辑器窗口

3. 完成网络 1 程序段的输入, 步骤如图 1 - 12 所示。

步骤 1, 在"程序注释"处添加程序注释, 在"网络注释"处添加网络注释; 步骤 2, 将光标移到插入点, 选中工具条中触点并打开; 步骤 3, 在打开的触点列表中选中常开触点; 步骤 4, 单击"? . ??", 输入地址 I0.0 并回车; 步骤 5, 将光标移到插入点, 选中工具条中线圈, 并打开; 步骤 6, 在线圈列表中选中线圈; 步骤 7, 单击"? . ??", 输入地址 Q0.0, 并回车。

步骤1

步骤2

步骤3

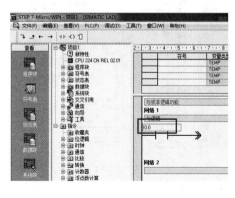
步骤4

步骤5

步骤6

图 1 - 12 网络 1 程序段输入步骤(1)

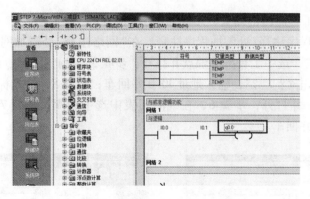

步骤7

图 1 – 12 网络 1 程序段输入步骤(2)

4. 完成网络 2 程序段的输入。其中并联触点的操作步骤如图 1 – 13 所示。

步骤 1，将光标移到 I0.2 的下面；步骤 2，插入常开触点并输入地址 I0.3；步骤 3，单击工具条中向上连线。

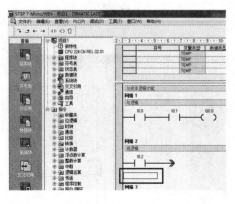

步骤1

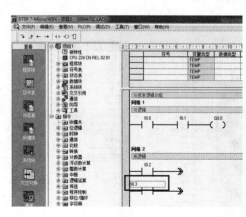

步骤2

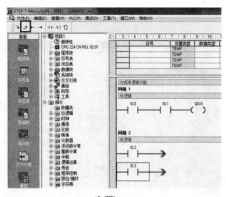

步骤3

图 1 – 13 网络 2 中并联触点的输入步骤

5. 完成网络 3 程序段的输入，常闭触点的操作步骤如图 1 - 14 所示。

步骤 1，将光标移到网络 3，选中工具条中触点，并打开；步骤 2，在打开的触点列表中，选中常闭触点，并输入地址 I0.4。

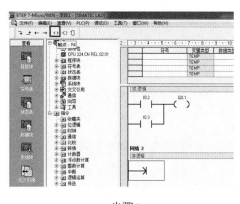
步骤 1

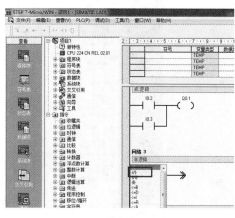
步骤 2

图 1 - 14　网络 3 中常闭触点的输入步骤

6. 项目保存。

程序编制结束后，将一个包括 S7 - 200 CPU 类型及其他参数在内的项目存储在指定的地方，文件名为"与或非逻辑功能 . MWP"，如图 1 - 15 所示。

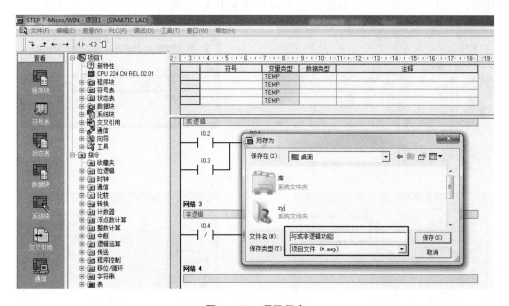

图 1 - 15　项目保存

7. 程序编译，操作如图 1 - 16 所示。

单击菜单栏中编译，输出窗口显示编译信息，状态栏显示目前操作状态。

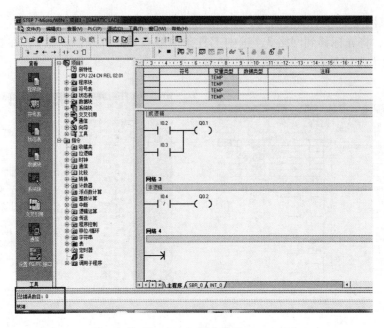

图 1 - 16 程序编译

8. PLC 程序下载，操作如图 1 - 17 所示。

（1）用 USB/PPI 通信编程电缆连接计算机串口与 PLC 通信口；

（2）按下实验台 PMT01 电源控制屏上的启动按钮，按下 PLC - S2 实训挂件上的电源开关，点击工具条中的下载按钮，下载程序至 PLC 主机。

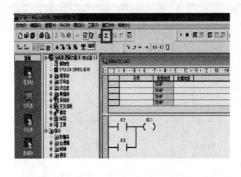
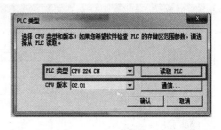

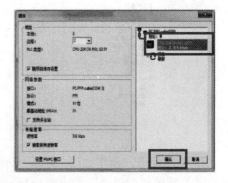

图 1 - 17   PLC 程序下载(1)

图 1 - 17　PLC 程序下载(2)

9. PLC 程序运行，步骤如图 1 - 18 所示。

单击工具条中运行按钮，将 PLC 工作状态设置为运行。

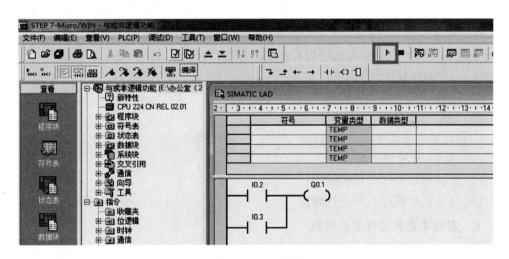

图 1 - 18　设置 PLC 工作状态为运行

(四)运行操作

1. 拨动"基本指令编程练习"模板上开关 I0.0、I0.1，观察"基本指令编程练习"模板上 Q0.0LED 指示灯的亮、灭情况，完成表 1 - 2；

2. 拨动"基本指令编程练习"模板上开关 I0.2、I0.3，观察"基本指令编程练习"模板上 Q0.1 LED 指示灯的亮、灭情况，完成表 1 - 2；

3. 拨动"基本指令编程练习"模板上开关 I0.4，观察"基本指令编程练习"模板上 Q0.2LED 指示灯的亮、灭情况，完成表 1 - 2。

4. 关闭电源，收拾工位。

五、数据记录及处理

表 1 - 2 所示为数据记录与处理表。

表 1 - 2　数据记录与处理

	逻辑关系			PLC 控制							
	A	B	F	I0.0	I0.1	I0.2	I0.3	I0.4	Q0.0	Q0.1	Q0.2
F = A · B	0	0		0	0	/	/	/			
	0	1		0	1	/	/	/			
	1	0		1	0	/	/	/			
	1	1		1	1	/	/	/			
F = A + B	0	0									
	0	1									
	1	0									
	1	1									
F = $\bar{A}$	0	/									
	1	/									

六、拓展与思考

1. 设计实现与非逻辑功能的 PLC 程序，并进行调试。

(1)写出 I/O 地址分配表；

(2)绘制 PLC 外部 I/O 接线图；

(3)写出 PLC 程序，并上机调试。

2. 设计实现或非逻辑功能的 PLC 程序，并进行调试。

(1)写出 I/O 地址分配表；

(2)绘制 PLC 外部 I/O 接线图；

(3)写出 PLC 程序，并上机调试。

七、总结本次实训存在的问题

实训二　基本指令编程练习——定时器/计数器功能实验

一、实训目的

1. 掌握定时器、计数器的正确编程方法；

2. 学会定时器和计数器的扩展方法；

3. 掌握用编程软件对 PLC 运行的在线监控。

二、预备知识

(一)定时器

定时器用于时间控制，是对内部时钟累计时间增量的设备，相当于时间继电器，用符号 T 和地址编号表示。对于 2CPU22X 系列，其编址范围为 T0 ~ T255。

1. 定时器的三个参数

定时器的主要参数有时间预置值、当前计时值和状态位。

(1)时间预置值为 16 位符号整数,由程序指令给定。

(2)当前计时值(16 位符号整数)存放在 S7 – 200 定时器中一个 16 位的当前值寄存器中。当定时器输入条件满足时,当前值从零开始增加,每隔 1 个时间基准增加 1。

(3)时间基准,也被称为定时精度、分辨率,是最小计时单位。

(4)每个定时器还有 1 位状态位。当定时器的当前值增加到大于或等于预置值时,状态位为 1,梯形图中代表状态位读操作的常开触点闭合。

2. 定时器分类

定时器按工作方式分类,可分为通电延时型(TON)、有记忆的通电延时型(保持型)(TONR)及断电延时型(TOF)等三类。

定时器按时基标准分类,可分为 1 ms、10 ms、100 ms 三种类型。

定时器分类及工作方式见表 2 – 1。

表 2 – 1 定时器分类及工作方式

工作方式	分辨率	最大定时时间	定时器号
有记忆的通电延时 (TONR)	1 ms	32.767 s	T0, T64
	10 ms	327.67 s	T1 ~ T4, T65 ~ T68
	100 ms	3276.7 s	T5 ~ T31, T69 ~ T95
通电延时/断电延时 (TON/TOF)	1 ms	32.767 s	T5 ~ T31, T69 ~ T95
	10 ms	327.67 s	T33 ~ T36, T97 ~ T100
	100 ms	3276.7 s	T37 ~ T63, T101 ~ T255

不同的时基标准、定时精度、定时范围和定时器的刷新方式不同。

3. 定时器定时范围

$$定时时间(T) = 时基 × 预置值$$

时基越大,定时时间越长,但精度越差。

4. 定时器指令格式

定时器的指令格式如下所示:

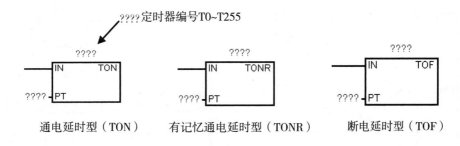

通电延时型(TON) 有记忆通电延时型(TONR) 断电延时型(TOF)

IN—输入使能端;

PT—预置值输入端,最大预置值为 32767,数据类型为 INT。

（1）通电延时型（TON）。

使能端（IN）有效时，当前值从 0 开始递增，大于或等于预置值（PT）时，状态位置1。当前值的最大值为 32767。

使能端无效（断开）时，定时器复位（当前值清零，输出状态位置0）。

常用于单一时间间隔。

（2）有记忆通电延时型（TONR）。

使能端（IN）输入有效时，当前值递增、大于或等于预置值 PT 时，输出状态位置1。

使能端无效时，当前值保持，使能端（IN）再次有效时，在原记忆值的基础上递增计时。

复位线圈（R）有效时，当前值清零，状态位置0。

常用于累计多个时间间隔。

（3）断电延时型（TOF）。

使能端（IN）输入有效时，输出状态位置1，当前值清0。

使能端（IN）断开时，当前值从 0 递增，当前值达到预置值时，状态位置0，并停止计时，当前值保持。

常用于关断或者故障事件后的延时（如电机停止转动后的冷却时间）。

5. 定时器实验参考程序

图2－1 所示为定时器认识实验参考程序图，图2－2 所示为定时器扩展实验参考程序图。

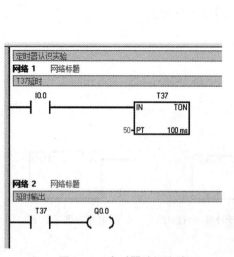

图2－1 定时器认识实验

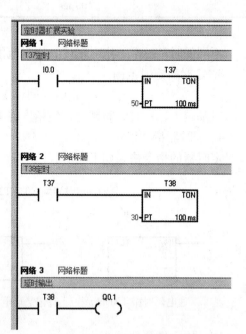

图2－2 定时器扩展实验

(二)计数器

计数器利用输入脉冲上升沿累计脉冲个数，用符号 C 和地址编号表示。对于 2CPU22X 系列，其编址范围为 C0 ~ C255。

1. 计数器的三个参数

与定时器类似，计数器的三个主要参数为预置值寄存器、当前值寄存器及状态位。

2. 计数器的分类

按工作方式分类，计数器分为递增计数(CTU)器、增/减计数(CTUD)器、递减计数(CTD)器三类。

3. 计数器的指令格式

计数器的指令格式如下所示：

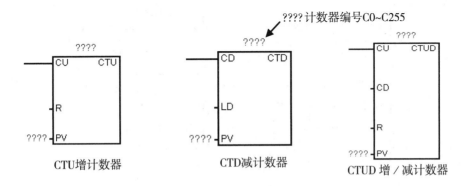

CTU增计数器　　　　　CTD减计数器　　　　CTUD 增/减计数器

CU—增 1 计数脉冲输入端；

CD—减 1 计数脉冲输入端；

R—复位脉冲输入端；

LD—减计数器的复位输入端。

PV—预置值(INT)最大范围 32767。

4. 计数器工作原理分析

(1)增计数指令(CTU)。

CU 端输入脉冲上升沿，当前值增 1 计数，大于或等于预置值(PV)时，状态位置 1。当前值累加的最大值为 32767。

复位输入(R)有效时，计数器状态位清 0，当前计数值清 0。

(2)增/减计数指令(CTUD)。

CU 输入端用于递增计数，CD 输入端用于递减计数，指令执行时，计数脉冲的上升沿当前值增 1/减 1 计数。

当前值大于、等于预置值(PV)时，状态位置 1。复位输入(R)有效或执行复位指令时，状态位清 0，当前值清 0。

达到最大值 32767 后，下一个 CU 输入上升沿将使计数值变为最小值(-32678)。同样达到最小值(-32678)后，下一个 CD 输入上升沿将使计数值变为最大值(32767)。

（3）减计数指令（CTD）。

装载输入（LD）有效时，预置值（PV）装入当前值存储器，计数器状态位清 0。CD
端每一个输入脉冲上升沿，减计数器的当前值从预置值开始递减计数，当前值等于 0
时，状态位置 1，并停止计数。

5. 计数器实验参考程序

计数器实验参考程序如图 2 − 3、图 2 − 4 所示。

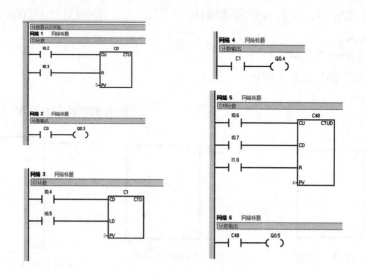

图 2 − 3　计数器认识实验

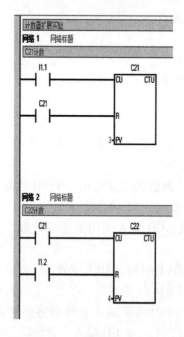

图 2 − 4　计数器扩展实验

三、实训设备

1. THWPMT-2型网络型高级维修电工及技师技能实训智能考核装置，如图1-7所示；

2. PLC-S2实训挂件一个；

3. USB/PPI通信编程电缆线一根；

4. 电脑一台；

5. 各种导线若干。

四、实训操作步骤

（一）课前预习

1. 认真阅读图2-1、图2-2所给参考程序，完成表2-2定时器实验数据记录与处理。

2. 认真阅读图2-3、图2-4所给参考程序，完成表2-3计数器实验数据记录与处理。

3. 认真阅读图2-1、图2-2、图2-3、图2-4所给实验参考程序，I/O地址分配如表2-2所示。

表2-2　I/O地址分配表

输　入			输　出		
符　号	地　址	注　释	符　号	地　址	注　释
I0.0	I0.0	定时器使能输入	Q0.0	Q0.0	延时5s输出
I0.2	I0.2	C0输入脉冲	Q0.1	Q0.1	延时8s输出
I0.3	I0.3	C0复位信号	Q0.3	Q0.3	C0计数输出
I0.4	I0.4	C1输入脉冲	Q0.4	Q0.4	C1计数输出
I0.5	I0.5	C1复位信号	Q0.5	Q0.5	C48计数输出
I0.6	I0.6	C48增计数输入脉冲	Q0.6	Q0.6	计数扩展输出
I0.7	I0.7	C48减计数输入脉冲			
I1.0	I1.0	C48复位信号			
I1.1	I1.1	C21输入脉冲			
I1.2	I1.2	C22复位信号			

4. 根据表2-2所示的I/O地址分配，绘制定时器实验、计数器实验的PLC外部I/O接线图，如图2-5所示，以保证硬件接线操作正确。

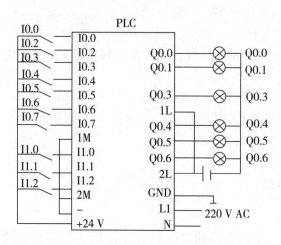

图 2 - 5　PLC 外部 I/O 接线图

（二）安装与接线

1. 在 THWPMT - 2 型网络型高级维修电工及技师技能实训智能考核装置上挂上 PLC - S2 实训挂件，插上电源。

2. 根据 PLC 外部 I/O 接线图，用导线将 PLC - S2 实训挂件上基本指令编程练习模块中的 I0.0、I0.2、I0.3、I0.4、I0.5、I0.6、I0.7、I1.0、I1.1、I1.2、Q0.0、Q0.1、Q0.3、Q0.4、Q0.5、Q0.6 分别与 S7 - 200 PLC 主机上引出的 I0.0、I0.2、I0.3、I0.4、I0.5、I0.6、I0.7、I1.0、I1.1、I1.2、Q0.0、Q0.1、Q0.3、Q0.4、Q0.5、Q0.6 对应连接。

3. 根据 PLC 外部 I/O 接线图，用导线将 PLC - S2 实训挂件上基本指令编程练习模块与 S7 - 200 PLC 主机上的 DC 24V 的 L(+)/M 对应连接，并将 S7 - 200 PLC 主机上输入的公共端 1M、2M 短接、输出的公共端 1L、2L 短接，然后对应连接到 DC 24 V 的 M/L(+)。

4. 打开实验台 PMT01 电源控制屏上总电源开关。

（三）设计编写梯形图程序

1. 双击桌面上图标 ，打开 V4.0 STEP 7 - Micro/WIN 软件。修改 PLC 的类型为 CPU224CN，并确认。

2. 打开梯形图编辑器窗口，输入"定时器认识实验"梯形图程序（图 2 - 1）。

定时器的输入步骤如图 2 - 6 所示。步骤 1，将光标移到放置定时器位置，选中工具条中指令盒并打开；步骤 2，在打开的指令盒列表中，按首字母顺序找到"TON"并选中；步骤 3，输入定时器号 T37 和预置值（PT）并回车。

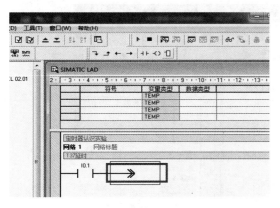

步骤1

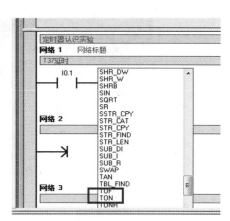

步骤2

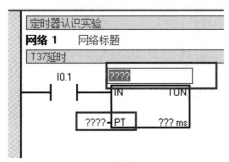

步骤3

图2-6 定时器输入步骤

3.将文件以"定时器认识实验"命名，选择另存为，保存在指定位置。

4.选中菜单栏中"文件"，在下拉列表中单击"新建"，创建一个新的项目，如图2-7所示。

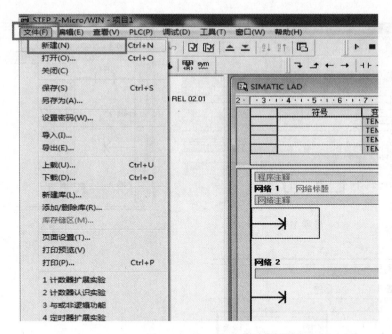

图 2-7　创建新项目

5. 输入"定时器扩展实验"参考程序(图 2-2)。

6. 以"定时器扩展实验"另存为,保存在指定位置。

7. 创建一个新的项目,输入"计数器认识实验"参考程序(图 2-3)。

计数器的输入步骤如图 2-8 所示。步骤 1,将光标移到放置计数器位置,选中工具条中指令盒,并打开;步骤 2,在打开的指令盒列表里,按首字母顺序找到"CTU",并选中;步骤 3,分别在 CU 和 R 端插入常开触点指令(I1.0 和 I1.1),输入计数器号 C0 和预置值 4 并回车。

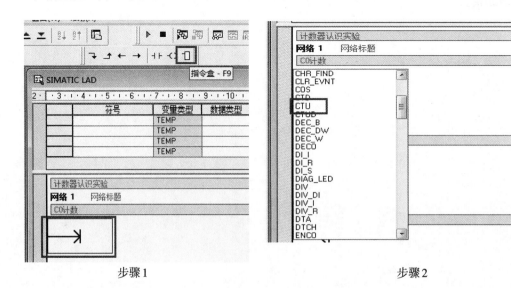

步骤1　　　　　　　　　　　　　　　　　步骤2

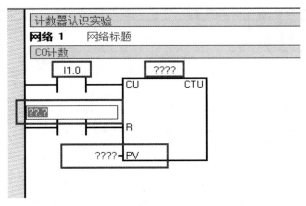

步骤3

图2-8 计数器输入步骤

8. 以"计数器认识实验"另存为,保存在指定位置。

9. 创建一个新的项目,输入"计数器扩展实验"参考程序(图2-4)。

10. 以"计数器扩展实验"另存为,保存在指定位置。

11. 分别打开保存的"定时器认识实验""定时器扩展实验""计数器认识实验""计数器扩展实验"等项目,步骤如图2-9所示。

步骤1,选中菜单栏中"文件",在下拉列表中单击"打开";在打开对话框中,利用下拉箭头,找到项目保存位置;步骤2,选中项目"计数器认识实验",单击"打开"。

重复上述步骤,分别打开保存的"定时器认识实验""定时器扩展实验""计数器扩展实验"等项目。

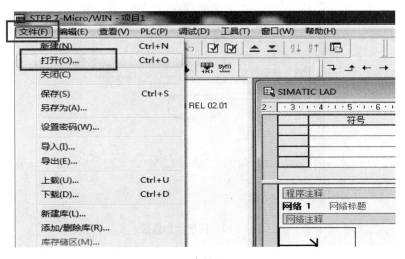

步骤1

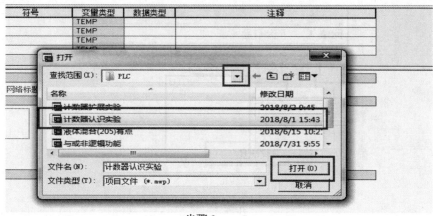

步骤 2

图 2-9 打开已保存项目

12. 用 USB/PPI 通信编程电缆连接计算机串口与 PLC 通信口，按下实验台 PMT01 电源控制屏上的启动按钮，按下 PLC-S2 实训挂件上的电源开关，点击工具条中下载按钮，分别下载"定时器认识实验""定时器扩展实验""计数器认识实验""计数器扩展实验"等程序至 PLC 主机中并运行。

13. 在程序运行状态下，点击工具条中"程序状态监控"，可实现在线监控，操作如图 2-10 所示。

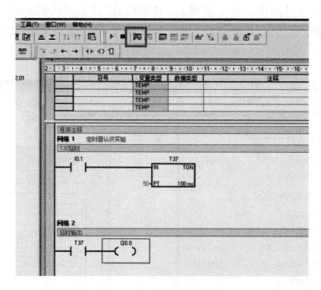

图 2-10 程序状态监控

（四）运行操作

1. 根据定时器实验的 PLC 外部 I/O 接线图，拨动"基本指令编程练习"模板上的输入开关，根据"基本指令编程练习"模板上输出指示灯的亮、灭和 PLC 程序运行监控上定时器的当前值、状态位变化情况，完成表 2-2。

2. 根据计数器实验的 PLC 外部 I/O 接线图，拨动"基本指令编程练习"模板上的输入开关，根据"基本指令编程练习"模板上输出指示灯的亮、灭和 PLC 程序运行监控上计数器的当前值、状态位变化情况，完成表 2 - 3。

五、数据记录及处理

数据记录及处理如表 2 - 3、表 2 - 4 所示。

表 2 - 3　定时器实验数据记录与处理

定时器号	定时器类型	时基/ms	预置值	定时时间/s	状态位	Q0.0	Q0.1
T37					0		
					1		
T38							

表 2 - 4　计数器实验数据记录与处理

计数器号	计数器类型	预置值	当前值	状态位	Q0.3	Q0.4	Q0.5	Q0.6
C0				0				
				1				
C1				0				
				1				
C48				0				
				1				
C21				0				
				1				
C22				0				
				1				

六、拓展与思考

1. 根据图 2 - 11 所给出的 I0.0 时序波形图，画出实验中 T37、T38 状态位、Q0.0、Q0.1 的时序波形图。

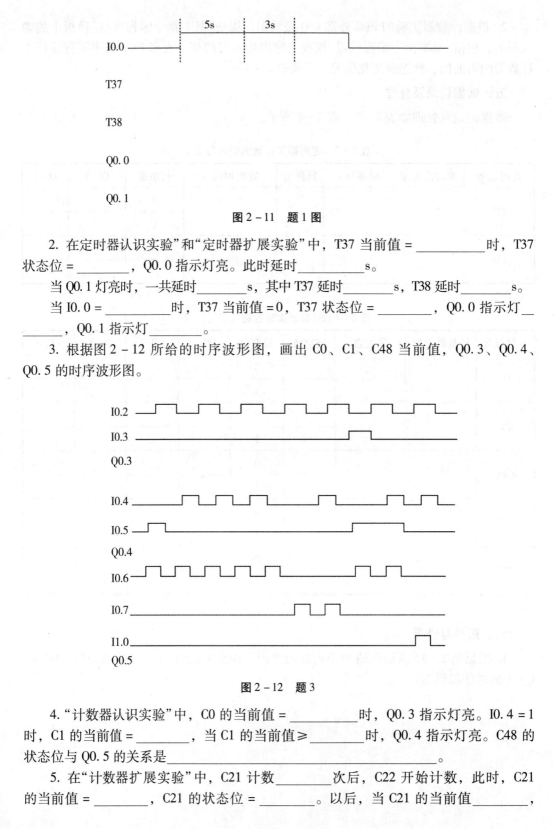

图 2 - 11　题 1 图

2. 在定时器认识实验"和"定时器扩展实验"中，T37 当前值 = _____ 时，T37 状态位 = _____，Q0.0 指示灯亮。此时延时 _____ s。

当 Q0.1 灯亮时，一共延时 _____ s，其中 T37 延时 _____ s，T38 延时 _____ s。

当 I0.0 = _____ 时，T37 当前值 = 0，T37 状态位 = _____，Q0.0 指示灯 _____，Q0.1 指示灯 _____。

3. 根据图 2 - 12 所给的时序波形图，画出 C0、C1、C48 当前值，Q0.3、Q0.4、Q0.5 的时序波形图。

图 2 - 12　题 3

4. "计数器认识实验"中，C0 的当前值 = _____ 时，Q0.3 指示灯亮。I0.4 = 1 时，C1 的当前值 = _____，当 C1 的当前值 ⩾ _____ 时，Q0.4 指示灯亮。C48 的状态位与 Q0.5 的关系是 _____。

5. 在"计数器扩展实验"中，C21 计数 _____ 次后，C22 开始计数，此时，C21 的当前值 = _____，C21 的状态位 = _____。以后，当 C21 的当前值 _____，

C22 的当前值就会 +1，当 Q0.6 指示灯亮时，I1.1 的脉冲数共计 = _____。

6. 利用定时器和计数器完成延时 2 小时 25 分钟的 PLC 控制程序并进行验证。

(1)写出 I/O 地址分配表；

(2)绘制 PLC 外部 I/O 接线图；

(3)写出 PLC 程序，并上机调试。

七、总结本次实训存在的问题

实训三　三相电机单向运行控制实验

一、实训目的

1. 掌握 STEP 7 - Micro/WIN 编程软件符号表的使用；

2. 掌握置位/复位指令的应用；

3. 掌握控制三相电机单相运行的两种常用 PLC 编程方法；

4. 掌握 S7 - 200 PLC 与三相异步电机的电路连接。

二、预备知识

1. 三相电机单向运行控制线路是电气控制系统的基础，控制电路如图 3 - 1 所示。

开关 QS 是电源总开关。按下启动按钮 SB2，KM 吸合，电动机起动并保持运行状态。按下停止按钮 SB1，电动机停止。FR 为过热保护。

2. 三相异步电动机单向运行模拟控制。

三相异步电动机 Y/△启动(正反转)控制模板，如图 3 - 2 所示。

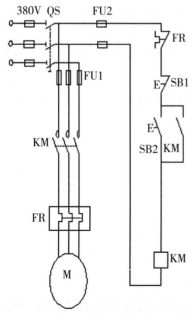

图 3 - 1　三相电机单向运行控制电路

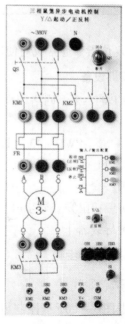

图 3 - 2　三相异步电机控制模板

开关 QS 为电源总开关；按钮 SB1、SB2、SB3 为外部启动或停止按钮；KM1、KM2、KM3 三个接触器主触头，灯亮表示主触头闭合，灯灭表示主触头断开；A、B、C 与三相电机相接；开关 S1 与热继电器 FR 辅助触点并接，用开关 S1 的断开和闭合模拟 FR 的动作；开关 S 用于选择三相电机运行模式。

利用三相异步电动机 Y/△启动（正反转）控制模板，可模拟完成三相异步电动机单向运行控制。

将 S2 拨向正反转。开关 QS 为总电源开关。按下 SB1，KM1 吸合，三相异步电机启动并保持运行状态。按下 SB3，KM2 释放，三相异步电机停止运行。开关 S1 和热继电器 FR 并接，可以用于模拟 FR 的动作。

3. 置位/复位指令。

置位线圈受到脉冲沿触发时，线圈通电锁存（存储器位置1），复位线圈受到脉冲前沿触发时，线圈断电锁存（存储器位置0），下次置、复位操作信号到来前，线圈状态保持不变，具有自锁功能。为了增强指令的功能，置位、复位指令将置位和复位的位数扩展为 N 位。指令格式见表 3－1。

表 3－1　置位/复位指令格式

指　令	梯形图	功　能
置位指令	S-bit —(S) N	从起始位(S－bit)开始的 N 个元件置 1
复位指令	S-bit —(R) N	从起始位(S－bit)开始的 N 个元件置 0

置位/复位指令通常成对使用，当置位、复位输入同时有效时，复位优先。

三、实训设备

1. THWPMT－2 型网络型高级维修电工及技师技能实训智能考核装置，如图 1－7 所示；

2. PLC－S2、PWD－43 实训挂件各一个；

3. USB/PPI 通信编程电缆线一根；

4. 电脑一台；

5. WDJ 三相鼠笼式异步电动机一台；

6. 各种导线若干。

四、实训操作步骤

（一）课前预习

1. 根据图 3－1 所示控制电路和三相电机单向运行控制要求，I/O 地址分配如表 3－2所示。

表 3 - 2 I/O 地址分配表

输 入			输 出		
符 号	地 址	注 释	符 号	地 址	注 释
SB1	I0.0	启动	KM1	Q0.0	电机
SB3	I0.1	停止			

2. 根据表 3 - 2 中 I/O 地址分配,绘制 PLC 外部 I/O 接线图如 3 - 3 所示,保证硬件接线操作正确。

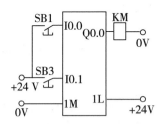

图 3 - 3 PLC 外部 I/O 接线图

3. 根据三相电机单向运行控制要求和表 3 - 1 所示的 I/O 地址分配表,用基本指令编写的 PLC 控制程序如图 3 - 4 所示,用置位/复位指令编写的 PLC 控制程序如图 3 - 5 所示。

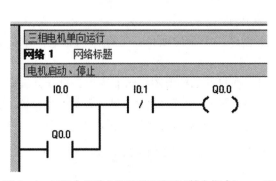

图 3 - 4 三相电机单向运行控制程序(基本指令)

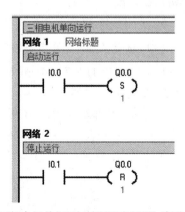

图 3 - 5 三相电机单向运行控制程序(置位/复位)

(二)安装与接线

1. 在 THWPMT - 2 型网络型高级维修电工及技师技能实训智能考核装置上挂上 PLC - S2 及 PWD - 43 实训挂件,插上电源。

2. 控制回路接线。

根据 PLC 的外部 I/O 接线图:

(1)将 PLC - S2 实训挂件上 PLC 输入的公共端与输出用到的公共端短接后,分别与 M/L(+)相接;

(2)将 PWD43 实训挂件三相鼠笼异步电动机控制模块的启动、停止按钮和 FR 分别接到 PLC – S2 实训挂件的输入端;

(3)将 S1 接到 FR;KM1 接到 PLC 对应的输出端;

(4)将 V(+)接到 PLC – S2 上的 L(+),将 COM 端接到 PLC 输入端的 M。

3. 主回路接线。

(1)将 PWD –43 实训挂件上 QS 的三个输入端(黄、绿、红)和 N(黑)分别接到实验台 PMT01 电源控制屏上的三相电源 U、V、W、N。

(2)将 PWD –43 实训挂件上 FR 的三个输出端(黄、绿、红)分别接到三相异步电动机(WD23)接线盒上的 A、B、C,将 WD23 的 X、Y、Z 短接。

(三)设计基本指令编写的梯形图程序

1. 双击桌面上图标 ![图标], 打开 V4.0 STEP 7 – Micro/WIN 软件。修改 PLC 的类型为 CPU224CN,并确认。

2. 打开梯形图编辑器窗口,输入基本指令编写的 PLC 程序。

3. 以"三相电机单向运行(基本指令)"另存为,并编译,直至无错误报告。

4. 用 USB/PPI 通信编程电缆连接计算机串口与 PLC 通信口,打开实验台电源控制屏上总电源开关,按下启动按钮,按下挂件 PLC – S2 上电源开关,下载并运行程序。

5. 根据 PLC 外部 I/O 接线图,拨动挂件 PWD –43 上的按钮 SB1、SB3,观察三相电机运行情况。

6. 关闭挂件 PLC – S2 上电源,按下实验台电源控制屏上的停止按钮。

(四)设计置位/复位指令编写的梯形图程序

1. 在 V4.0STEP 7 – Micro/WIN 软件上创建一个新的项目,另存为三相电机单向运行(置位/复位)。

符号表操作步骤如图 3–6 所示。步骤 1,在打开的梯形图编辑器窗口,打开并编辑符号表,双击"符号表"下"用户定义";步骤 2,在符号表中符号栏写上外部开关、接触器、指示灯等的名称;在地址栏写上对应的 PLC 地址;在注释栏写上解释、说明等。

步骤 1

步骤 2

图 3 –6　符号表操作步骤

2. 单击浏览条或指令树中的程序块，选中主程序，打开梯形图编辑器窗口，输入用置位/复位指令编写的三相电机单向运行 PLC 控制程序并进行编译，如图 3－7 所示。

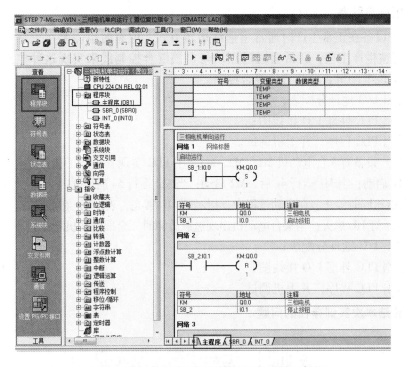

图 3－7　输入电机单向运行控制程序(置位/复位)

置位/复位指令输入步骤如图 3－8 所示。

选中工具条中线圈，在打开的线圈列表中，按首字顺序找到 S(置位)/R(复位)；输入起始地址 I0.0；输入元件数 1。

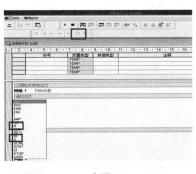

步骤 1

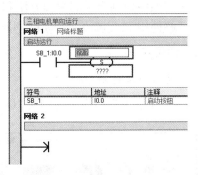

步骤 2

图 3－8　置位/复位指令输入步骤

3. 打开实验台电源控制屏上的总电源开关，按下启动按钮，按下挂件 PLC－S2 上电源开关，下载并运行程序。

4. 拨动挂件 PWD－43 上的常开按钮 SB1、SB3，观察三相电机运行情况。

5. 关闭挂件 PLC – S2 上的电源，按下实验台电源控制屏上的停止按钮，切断实验台电源控制屏上总电源，收拾工位。

五、拓展与思考

1. 生产设备在正常生产时通常呈连续运转方式，但有时也需要在正常生产前用点动操作来调整生产工艺，通常会通过点动与自锁混合控制线来实现这种控制要求。现使用 PLC 实现电动机点动与自锁混合控制。

(1)写出 I/O 地址分配表；

(2)绘制 PLC 外部 I/O 接线图；

(3)写出 PLC 程序，并上机调试。

2. 某生产设备有 3 台电动机 M1、M2、M3，用 PLC 实现其生产工艺要求：当按下启动按钮时，M1 启动；当 M1 运行 4s 后，M2 启动；当 M2 运行 5s 后，M3 启动。当按下停止按钮时，3 台电机同时停止。在启动过程中，指示灯 HL 常亮，表示"正在启动中"；启动过程结束后，指示灯 HL 熄灭；当某台电动机出现过载故障时，全部电动机均停止。

(1)写出 I/O 地址分配表；

(2)绘制 PLC 外部 I/O 接线图；

(3)写出 PLC 程序，并上机调试。

六、总结本次实训存在的问题

实训四　运料小车控制模拟

一、实训目的

1. 了解顺序控制设计法的设计思路和设计步骤；

2. 掌握顺序控制指令的应用；

3. 掌握顺序控制指令的编程方法和程序调试方法；

4. 了解使用 PLC 解决一个实际问题的方法。

二、预备知识

(一)运料小车控制原理

图 4 - 1 所示为运料小车控制模拟模板图。

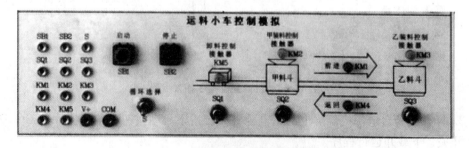

图 4 - 1　运料小车控制模拟模板

设启动按钮 SB1 用于启动小车,停止按钮 SB2 用于停止小车,循环选择开关 S,用于设定单次运行还是连续循环。

按下启动按钮 SB1,KM1 吸合,小车从原点启动向前运行,直到碰到 SQ2 后停止;KM2 吸合,甲料斗装料 5s,然后小车继续向前运行,直到碰到 SQ3 后停止;此时 KM3 吸合,乙料斗开始装料 3s,随后 KM4 吸合,小车返回,直到回到原点碰到 SQ1 后停止;KM5 吸合使小车卸料,5s 后 KM5 失电,完成一个工作循环。

(二)顺序控制设计法

顺序控制设计法特别适合按先后顺序进行控制的系统。顺序控制设计法规律性很强,虽然编出的程序偏长,但程序结构清晰、可读性强。

1. 顺序控制的概念

就是按照生产工艺预先规定的顺序,在各种外部输入信号的作用下,根据内部状态和时间的顺序,在生产过程中各个执行机构自动地、有秩序地进行操作。

2. 顺序控制设计法的设计步骤

分为步的划分、转换条件的确定、顺序功能流程图的绘制和梯形图的绘制。

(1)步的划分是指分析被控对象的工作过程及控制要求,将系统的工作过程划分成若干阶段,这些阶段称为"步"。

(2)转换条件是使系统从当前步进入下一步的条件。常见的转换条件有外部设备的按钮、行程开关和内部定时器及计数器触点的动作(通/断)等。

(3)顺序功能图是描述控制系统中控制过程、功能和特性的一种图形,包括步与动作、有向连线、转换和转换条件。

(4)顺序控制梯形图的设计是根据顺序功能流程图来进行的。常用的顺序控制梯形图设计方法有启保停电路法、置位/复位指令法及顺序控制继电器法。

3. 顺序功能流程图的基本结构

顺序功能流程图是描述控制系统中控制过程、功能和特性的一种图形,直接决定用户设计的 PLC 程序的质量。

顺序功能流程图的基本结构形式包括:单序列结构、选择序列结构、并行序列结构、跳步结构、重复结构和循环序列结构等,结构形式如图 4-2 所示。

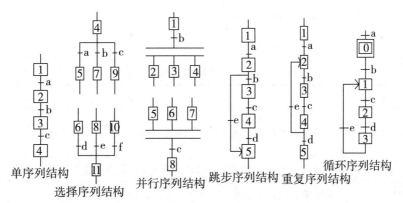

单序列结构　选择序列结构　并行序列结构　跳步序列结构　重复序列结构　循环序列结构

图 4-2　顺序功能流程图基本结构

（三）运料小车模拟控制功能流程图

运料小车模拟控制功能流程图，如图 4 - 3 所示。

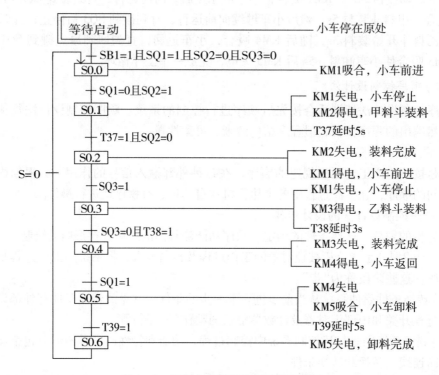

图 4 - 3　运料小车模拟控制功能流程图

（四）顺序控制继电器位 S

S 又称状态元件，以实现顺序控制和步进控制。在顺序控制设计法中，用顺序控制继电器位 S0.0 ~ S31.7 代表程序的状态步，即一位顺序控制继电器位代表一个程序状态步。

（五）顺序控制指令

顺序控制指令用于将顺序功能流程图直接转换成梯形图程序。这种使用顺序控制指令设计的梯形图方法称为顺序控制继电器法。

顺序控制指令格式及功能如表 4 - 1 所示。

表 4 - 1　顺序控制指令格式及功能

指令格式	功　能
??.? SCR	步开始：当前步状态位置，当前步开始
??.? —(SCRT)	步转移：当前步的状态位清 0，下一步的状态位置 1
—(SCRE)	步结束：当前步结束

三、实训设备

1. THWPMT－2 型网络型高级维修电工及技师技能实训智能考核装置；

2. PLC－S2 实训挂件；

3. PWD－42 实训挂件；

4. USB/PPI 通信编程电缆线一根；

5. 电脑一台；

6. 各种导线若干。

四、实训操作步骤

(一)课前预习

1. 根据控制要求，I/O 地址分配见表4－2。

表4－2　I/O 地址分配表

输　入			输　出		
符　号	地　址	注　释	符　号	地　址	注　释
SB1	I0.0	启动	KM1	Q0.0	小车前进
SB2	I0.1	停止	KM2	Q0.1	甲料斗装料
SQ1	I0.2	行程开关	KM3	Q0.2	乙料斗装料
SQ2	I0.3	行程开关	KM4	Q0.3	小车返回
SQ3	I0.4	行程开关	KM5	Q0.4	卸料
S	I0.5	循环选择			

2. 根据 I/O 地址分配表，绘制 PLC 外部 I/O 接线图，如图4－4所示，以保证硬件接线操作正确。

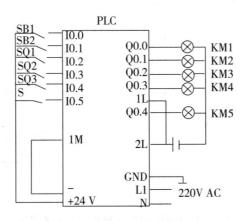

图4－4　PLC 外部 I/O 接线图

3. 根据 I/O 地址分配表和图4－3所示的顺序功能流程图，运料小车模拟控制 PLC

·51·

的参考程序如图 4 - 5 所示。

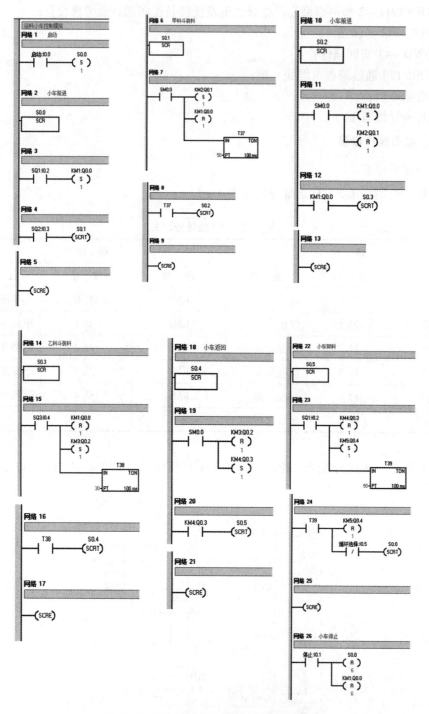

图 4 - 5　运料小车控制模拟 PLC 参考程序

(二)安装与接线

1. 在 THWPMT - 2 型网络型高级维修电工及技师技能实训智能考核装置上挂上 PLC - S2 实训挂件及 PWD - 42 实训挂件,插上电源。

2. 用导线将 PLC - S2 上 PLC 输入的公共端 1M、输出的公共端 1L、2L 短接后,分别与 M/L(+)相接。

3. 用导线将 PWD - 42 实训挂件上运料小车控制模拟模块的 SB1、SB2、SQ1、SQ2、SQ3、S 分别接到 PLC - S2 上 PLC 输入端的 I0.0、I0.1、I0.2、I0.3、I0.4、I0.5。

4. 用导线将 KM1、KM2、KM3、KM4、KM5 分别接到 PLC 输出端的 Q0.0、Q0.1、Q0.2、Q0.3、Q0.4。

5. 用导线将 V(+)接到 PLC - S2 上的 L(+),将 COM 端接到 PLC 输入端 M。

6. 打开实验台 PMT01 电源控制屏上总电源开关。

(三)设计编写梯形图程序

1. 双击桌面上图标 ![icon]，打开 V4.0 STEP 7 - Micro/WIN 软件,修改 PLC 的类型为 CPU224CN,并确认。

2. 打开梯形图编辑器窗口,输入图 4 - 6 所示的参考程序,注意添加符号表和注释。

顺序控制指令输入步骤如图 4 - 6、图 4 - 7、图 4 - 8 所示。

(1)选中工具条中的指令盒,并打开;在打开的指令盒列表中,按字母顺序找到"SCR"并选中,然后在的"????"处输入 S0.0。

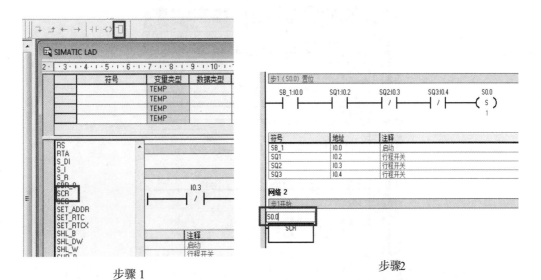

步骤1   步骤2

图 4 - 6 SCR 指令输入步骤

（2）选中工具条中的线圈，并打开；在打开的线圈列表中，按字母顺序找到
"SCRT"并确定，输入 S0.1。

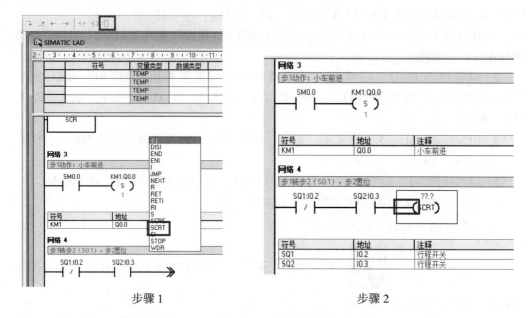

步骤 1　　　　　　　　　　　　　　　　步骤 2

图 4 - 7　SCRT 指令输入步骤

（3）选中工具条中的线圈，并打开；在打开的线圈列表中，按字母顺序找到
"SCRE"并确定。

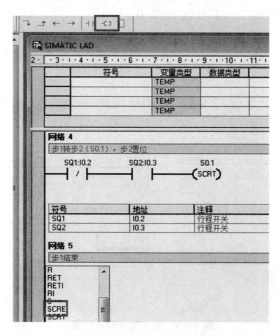

图 4 - 8　SCRE 指令输入步骤

3. 以"运料小车控制模拟"命名另存为,并编译,直至无错误报告。

4. 用 USB/PPI 通信编程电缆连接计算机串口与 PLC 通信口,按下实验台 PMT01 电源控制屏上的启动按钮,按下挂件 PLC - S2 上的电源开关,下载程序至 PLC 主机。

(四)运行操作

1. 运行"运料小车模拟控制"PLC 程序;

2. 将 SQ1 闭合,SQ2、SQ3 断开,循环选择开关 S 闭合,按下启动按钮 SB1;

3. 将 SQ1 断开,SQ2 闭合;

4. 将 SQ2 断开,SQ3 闭合;

5. 将 SQ3 断开,SQ1 闭合;

6. 其他条件不变,将步骤 1 中的循环选择开关 S 断开,重复上述过程;

7. 关闭所有电源,收拾工位。

五、数据记录与分析

根据上述操作,观察结果并完成表 4 - 3。

表 4 - 3 数据记录与分析

	SB1	SB2	SQ1	SQ2	SQ3	KM1	KM2	KM3	KM4	小车状态
步 1(SM0.0)	1	0	1	0	0					
步 2(SM0.1)	1	0	0	1	0					
步 3(SM0.2)										
步 4(SM0.3)										
步 5(SM0.4)										
步 6(SM0.5)										

六、扩展与思考

1. 在本实验中,顺序功能流程图的结构是_____。

2. 在本实验中,转移条件用到了_____、_____和循环选择开关。

3. 图 4 - 9 为"自动送料装车"模板,其控制要求如下:

系统启动后,要求小车从 A 仓库开始,完成装料→右行→卸料→装料→左行→卸料→装料过程。

按下点动按钮 A4,选择手动方式,通过装料开关、卸料开关、右行开关、左行开关四个开关的状态决定小车的运行方式。装料开关为 ON 时,系统进入装料状态,灯 S1 亮;装料开关为 OFF,右行开关为 ON 时,灯 R1、R2、R3 依次点亮,模拟小车右行;卸料开关为 ON 时,小车进入卸料状态;卸料开关为 OFF,左行开关为 ON 时,灯 L1、L2、L3 依次点亮,模拟小车左行。

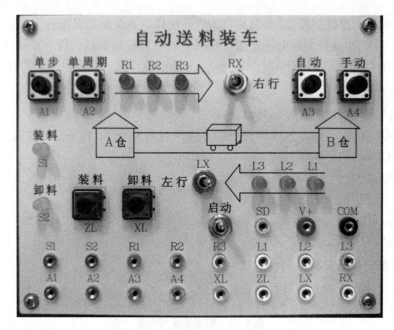

图 4-9　自动送料装车模板

按下微动按钮 A3，选择自动运行方式，系统进入装料→右行→卸料→装料→左行→卸料→装料循环。

按下点动按钮 A2，选择单周期方式，小车来回运行一次。

按下点动按钮 A1，选择单步方式，按一次 A1，小车运行一步。

(1) 设计 PLC 的 I/O 地址分配表；

(2) 设计 PLC 外部 I/O 接线图；

(3) 设计顺序功能流程图；

(4) 用顺序控制指令编写 PLC 程序，在图 4-9 所示的"自动送料装车"模板上进行验证。

七、本次实训存在的问题

实训五　十字路口交通灯控制

一、实训目的

1. 了解顺序控制设计法的思路和设计步骤；

2. 掌握顺序功能流程图的结构；

3. 掌握顺序控制指令的编程方法；

4. 了解使用 PLC 解决一个实际问题的方法。

二、预备知识

(一) 十字路口交通信号灯工作原理

交通信号灯被启动/停止开关控制，当按下启动按钮时，信号灯系统开始工作。控制模板如图5－1所示。

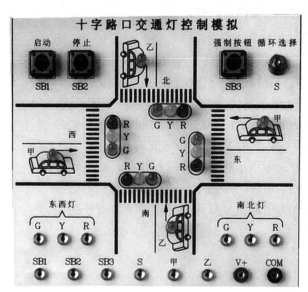

图5－1　十字路口交通灯控制模拟

　　首先，南北红灯亮，东西绿灯亮。南北红灯亮10s，同时东西绿灯亮5s后熄灭，东西黄灯以占空比为50%的2s周期(1s脉冲宽度)闪烁3次后熄灭，同时，南北红灯熄灭。然后，东西红灯亮，南北绿灯亮。东西红灯亮10s，南北绿灯亮5s后熄灭，南北黄灯以占空比为50%的2s周期(1s脉冲宽度)闪烁3次后熄灭，同时，东西红灯熄灭，一个周期结束。时序波形如图5－2所示。

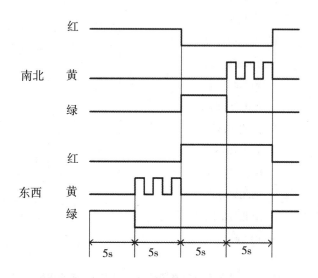

图5－2　十字路口交通灯时序波形图

按下循环按钮后，循环工作，周而复始。

按下停止按钮时，所有信号灯都熄灭。

按下强制按钮时，所有路口红灯亮。

（二）并行序列结构功能流程图

并行序列结构如图 5-3 所示，指新状态由两个或两个以上的分支状态构成，并且这些分支状态必须同时被激活。

步 2、步 3、步 4 属于新的分支状态，当条件 b 满足后，同时被激活，被称为并行序列的分支；步 5、步 6、步 7 同时满足条件 c，汇集为一个步 8，称为并行分支的合并。

十字路口交通灯，可用单序列结构进行控制，也可用并行序列结构进行控制。用并行序列结构时，东西方向的信号灯为一个分支，南北方向的信号灯为另一个分支，顺序功能流程图如图 5-4 所示。

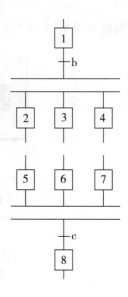

图 5-3　并行序列结构

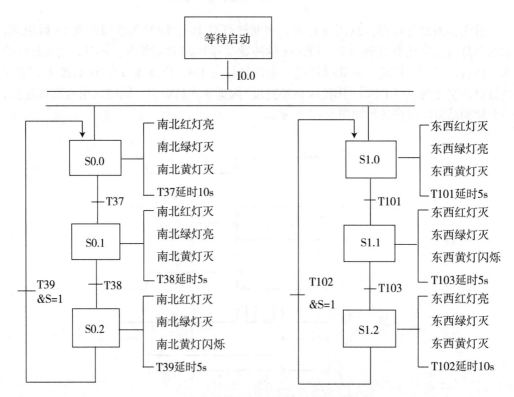

图 5-4　"十字路口交通信号灯"顺序功能流程图

三、实训设备

1. THWPMT－2 型网络型高级维修电工及技师技能实训智能考核装置，如图 1－7 所示；

2. PLC－S2 实训挂件一个；

3. PWD－42 实训挂件；

4. USB/PPI 通信编程电缆线一根；

5. 电脑一台；

6. 各种导线若干。

四、实训操作步骤

(一)课前预习

1. 根据控制要求，I/O 地址分配见表 5－1。

表 5－1 I/O 地址分配

输　入				输　出		
符　号	地　址	注　释		符　号	地　址	注　释
SB1	I0.0	启动	南北	HL1	Q0.0	R
SB2	I0.2	停止	南北	HL2	Q0.1	G
SB3	I0.3	强制红灯		HL3	Q0.2	Y
S	I0.4	循环选择	东西	HL4	Q0.3	R
			东西	HL5	Q0.4	G
				HL6	Q0.5	Y

2. 根据 I/O 地址分配表，绘制 PLC 外部 I/O 的接线图如图 5－6 所示，以保证硬件接线操作正确。

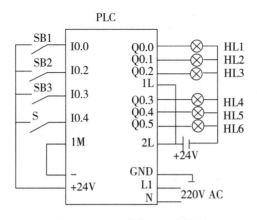

图 5－6 PLC 外部 I/O 接线图

　　3. 根据 I/O 地址分配表和顺序功能流程图，用顺序控制指令编写的 PLC 参考程序
如图 5 – 7 ~ 图 5 – 11 所示。

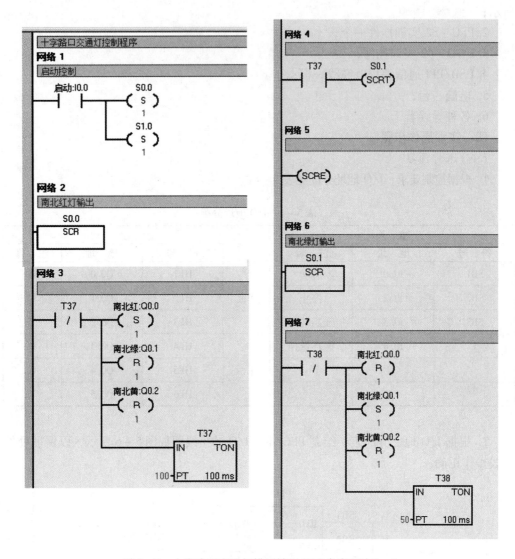

图 5 – 7　十字路口交通灯模拟控制 PLC 参考程序（一）

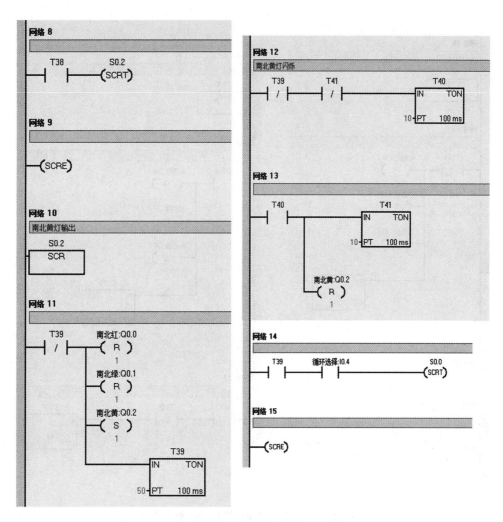

图 5-8 十字路口交通灯模拟控制 PLC 参考程序(二)

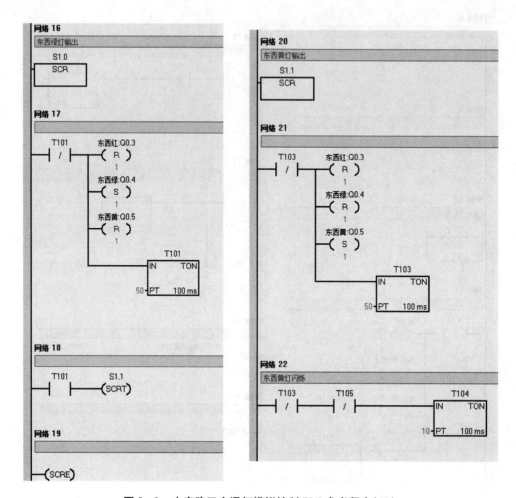

图 5 – 9　十字路口交通灯模拟控制 PLC 参考程序（三）

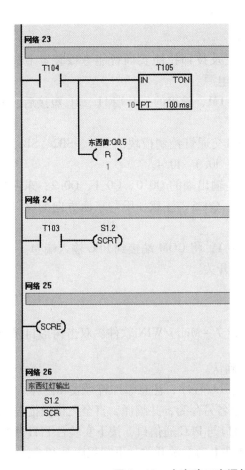

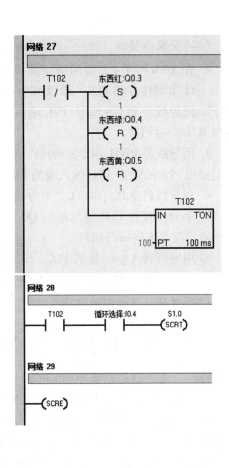

图 5 - 10 十字路口交通灯模拟控制 PLC 参考程序(四)

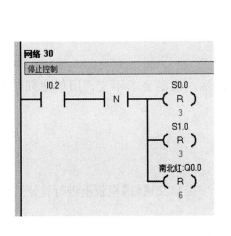

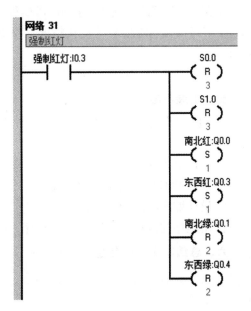

图 5 - 11 十字路口交通灯模拟控制 PLC 参考程序(五)

（二）安装与接线

1. 在 THWPMT－2 型网络型高级维修电工及技师技能实训智能考核装置上挂上 PWD－42 实训挂件和 PLC－S2 实训挂件，插上电源。

2. 用导线将 PLC－S2 上 PLC 输入的公共端 1M、输出的公共端 1L、2L 短接后，分别与 M/L（＋）相接。

3. 用导线将 PWD－42 实训挂件上十字路口交通灯控制模块的 SB1、SB2、SB3、S 分别接到 PLC－S2 上 PLC 输入端的 I0.0、I0.2、I0.3、I0.4。

4. 用导线将南北灯 R、G、Y 分别接到 PLC 输出端的 Q0.0、Q0.1、Q0.2；东西灯 R、G、Y 分别接到 PLC 输出端的 Q0.3、Q0.4、Q0.5；注意，甲与东西方向的绿灯相接，乙与南北方向绿灯相接。

5. 用导线将 V（＋）接到 PLC－S2 上的 L（＋），将 COM 端接到 PLC 输入端 M。

6. 打开实验台 PMT01 电源控制屏上总电源开关。

（三）设计编写梯形图程序

1. 双击桌面上图标 ，打开 V4.0STEP 7－Micro/WIN 软件。双击树形目录下的新特性，修改 PLC 的类型为 CPU224CN，并确认。

2. 打开梯形图编辑器窗口，输入编写好的 PLC 程序，注意添加符号表和注释。

3. 以"十字路口交通灯控制（并行序列）"命名另存为，并编译，直至无错误报告。

4. 用 USB/PPI 通信编程电缆连接计算机串口与 PLC 通信口，按下实验台 PMT01 电源控制屏上的启动按钮，按下 PLC－S2 实训挂件上的电源开关，下载程序至 PLC 主机。

（四）运行操作

1. 运行"十字路口交通灯控制"PLC 程序，拨动十字路口交通灯上的启动开关 SD，观察十字路口交通灯信号的变化情况，根据在线监控，进行调试，直至完全达到控制要求。

2. 关闭所电源，收拾工位。

五、扩展与思考

十字路口交通信号灯控制模板如图 5－1 所示。控制要求不变，用单序列结构完成。

1. 设计 PLC 的 I/O 地址分配表；

2. 设计 PLC 的外部 I/O 接线图；

3. 设计顺序功能流程图；

4. 用顺序控制指令，编写 PLC 程序，并在"十字路口交通灯"模板上进行验证。

六、总结本次实训存在的问题

第三篇　变频器概述

第一章　变频器基础知识

一、三相交流异步电动机调速的运行原理

交流电动机是利用定子和转子之间的电磁相互作用，将输入的交流电能转换成机械能输出的电动机。

根据转子转速与旋转磁场之间的关系，可将交流电动机分为异步电动机和同步电动机；根据电动机正常运行通电的相数，可将交流电动机分为单相交流电动机和三相交流电动机。其中，三相交流异步电动机因其具有良好的工作性能和较高的性价比等特点，而被广泛应用。

三相交流异步电动机的定子上装有互差 120° 的 U、V、W 三相对称绕组，当三相绕组通以 U、V、W 三相对称交流电压后，就产生三相互差 120° 的三相对称交流电流。当电源频率 $f = 50\text{Hz}$ 时，流入定子绕组的三相对称电流就将在电动机的气隙内产生一个旋转磁场，旋转磁场转速，即为同步转速 n，由定子电流的频率 f_1 所决定，即

$$n = \frac{60 f_1}{p}$$

式中：n——同步转速，r/min；

　　　f_1——电源频率，Hz；

　　　p——磁极对数。

位于旋转磁场中的转子绕组将切割磁力线，并在转子绕组中产生相应感应电动势和感应电流，此感应电流也处在定子绕组所产生的旋转磁场中。因此，转子绕组将受到旋转磁场的作用而产生电磁力矩（即转矩），使转子跟随旋转磁场旋转，转子的转速 n（即电动机的转速）为

$$n_M = (1 - S) n = (1 - S) \frac{60 f_1}{p}$$

式中：n_M——转子的转速，/min；

　　　S——转差率。

因此，要对三相交流异步电动机进行调速，可以通过改变电动机的极对数 p、电动机的转差率 s 以及电动机的电源频率 f_1 来进行。

二、三相交流异步电动机调速的基本方法

三相交流异步电动机调速的基本方法有：变极调速，即改变电动机的极对数 p；变

转差率调速，即改变电动机的转差率 s；变频调速，即改变电动机的电源频率 f_1。

1. 变极调速

改变磁极对数 p 实际上就是改变定子旋转磁场的转速，而磁极对数的改变又是通过改变定子绕组的接法来实现的。

变极调速的缺点主要是：

（1）一套绕组只能变换两种磁极对数，一台电动机只能放两套绕组，所以，最多也只有 4 挡速度。

（2）不管在哪种接法下运行，都不可能得到最佳的运行效果，也就是说，其工作效率将下降。

（3）在机械特性方面，不同磁极对数的"临界转矩"是不一样的，故带负载能力也不一致。

（4）调速时必须改变绕组接法，故控制电路比较复杂。

2. 变转差率调速

改变转差率是通过改变电动机转子电路的有关参数来实现的，所以，这种方法只适用于绕线式异步电动机。常用的有定子调压调速、转子串电阻调速、电磁转差离合器调速和串级调速。

变转差率调速的缺点主要是：

（1）因为调速电阻在外部，为了使转子电路和调速电阻之间建立起电的联系，绕线式异步电动机在结构上加入了电刷和滑环等薄弱环节，提高了故障率。

（2）调速电阻会消耗掉许多电能。

（3）转速的挡位不可能很多。

（4）调速后的机械特性较"软"，不够理想。

3. 变频调速

异步电动机的调速最容易实现的是变极调速和改变转差率调速。如果有一个变频电源用以改变电动机的电源频率，则可对电动机实现变频调速。

变频调速的主要特点是：

（1）可以使标准电动机调速，不用更换原有电动机；

（2）可以连续调速，从而选择最佳速度；

（3）启动电流小，所以电源设备容量可以很小；

（4）最高速度不受电源影响，所以最大工作能力不受电源频率影响；

（5）可以调节加减速的时间，能防止载重物倒塌。

由于变频调速调速性能优越，能平滑调速、调速范围广及效率高等诸多优点，随着变频器性价比的提高和应用的推广，越来越成为最有效的调速方式。

三、变频调速

1. 变频器、逆变器与斩波器

变频调速是以变频器向交流电动机供电，并构成开环或闭环系统。

变频器是把固定电压、固定频率的交流电变换为可调电压、可调频率的交流电的变换器，是异步电动机变频调速的控制装置。

逆变器是将固定直流电压变换成固定的或可调的交流电压的装置(DC - AC 变换)。而将固定直流电压变换成可调的直流电压的装置称为斩波器(DC - DC 变换)。

2. 变频器的分类

变频器的分类通常是按照变换环节、逆变器开关方式、逆变器控制方式和变频器的用途来进行的。

按变换环节分类,变频器可分为交 - 交变频器和交 - 直 - 交变频器,如图 1 - 1 所示。

图 1 - 1　交 - 直 - 交变频器

对交 - 直 - 交变频器,按中间直流环节采用的滤波器又可分为电压型变频器和电流型变频器,如图 1 - 2 所示。

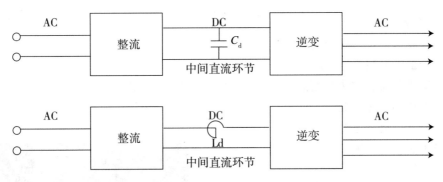

图 1 - 2　电压型变频器与电流型变频器

按逆变器开关方式分类,变频器可分为 PAM(脉冲振幅调制)方式和 PWM(脉宽调制)方式。

按逆变器控制方式分类,变频器可分为 U/f 控制变频器、矢量控制变频器和直接转矩控制变频器。

按变频器的用途分类,变频器可分为通用变频器(包括节能型变频器和高性能通用变频器)和专业变频器。

3. 变压变频协调控制

我们知道,三相异步电动机定子每相电动势的有效值为:

$$E_1 = 4.44 K_{r1} f_1 N_1 I_M$$

如果电动势的有效值不变,改变定子频率时就会出现下面两种情况:

f_1 大于电机的额定频率 f_{1N} 时,气隙磁通量 φ_M 就会小于额定气隙磁通量 φ_{MV},电机的铁芯没有得到充分利用。但是在机械条件允许的情况下,长期使用不会损坏电机。

f_1 小于电机的额定频率 f_{1N} 时，气隙磁通量 φ_M 就会大于额定气隙磁通量 φ_{MV}，电机的铁芯产生过饱和，从而导致过大的励磁电流，严重时会因绕组过热而损坏电机。

要实现变频调速，且在不损坏电动机的情况下充分利用铁芯，则应使每极气隙磁通量 φ_M 保持额定值不变，即。

异步电动机变频调速时，必须按照一定的规律同时改变其定子电压和频率，即必须通过变频装置获得电压、频率均可调节的供电电源，实现所谓的 VVVF（variable voltage vanable freqency）调速控制。为保持电动机的磁通恒定，需要对电动机的电压与频率进行协调控制。因此，需要考虑以下两种情况的调速。

（1）基频以下的恒磁通变频调速

保持 φ_M 不变，当频率 f_1 从额定值 f_{1N} 向下调节时，必须同时降低 E_1，使 $E_1/f_1 =$ 常数，即采用电动势与频率之比恒定的控制方式。

根据电机与拖动原理，这种调速属于"恒转矩调速"。

（2）基频以上的弱磁通变频调速

当 $f_1 > f_{1N}$ 时，应保持 $U_1 = U_{1N}$，不进行电压的协调控制。随着频率的升高，气隙磁通会小于额定磁通，相当于直流电动机的弱磁通调速情况，属于近似的恒功率控制方式。

4. 变频器的作用

（1）控制电动机的启动电流。

（2）降低电力线路电压波动。

（3）启动时需要的功率更低。

（4）可控的加速功能。

（5）可调的运行速度。

（6）可调的转矩极限。

（7）受控的停止方式。

（8）节能。

（9）可逆运行控制。

（10）减少机械传动部件。

四、通用变频器

1. 通用变频器的外部特征

通用变频器从外部结构来看，有开启式和封闭式两种。开启式的散热性能较好，接线端子外露，适合于电气柜内的安装；封闭式的接线端子全部在内部，须打开面盖才能看见。本书主要以西门子 MM440 变频器为主。图 1 - 3 为西门子 MM 系列变频器的外形。

图 1 - 3　西门子 MM 系列变频器

2. 通用变频器内部结构

变频器是一种用来控制交流电机的装置，是将固定电压和频率的电源转换成为电压和频率可变的电源。其内部电路比较复杂，主要包括了整流器、逆变器、中间直流环节、采样电路、驱动电路、主控电路和控制电源。结构框图如图 1 - 4(a)所示，图 1 - 4(b)所示为一个简略框图。

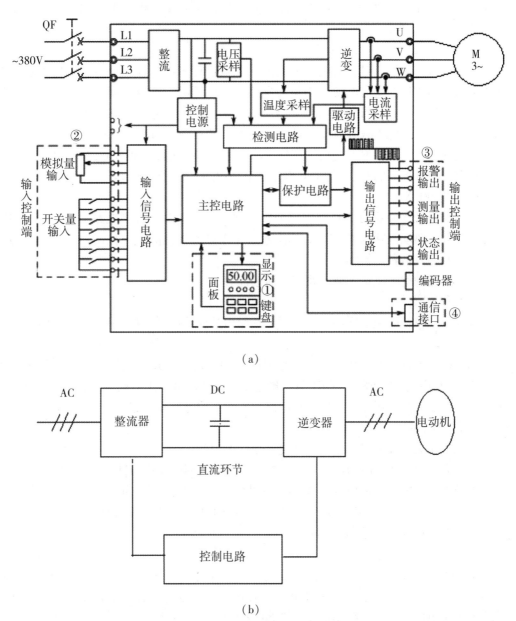

(a)

(b)

图 1 - 4　变频器内部结构框图

(1)整流器。

一般的三相变频器的整流电路由全波整流桥组成，它的作用是把三相(或单相)交流电整流成直流电，给逆变电路和控制电路提供所需要的直流电源。

(2)逆变器。

逆变器是变频器最主要的部分之一。其主要作用是在控制电路的控制下将整流输出的直流电转换为频率和电压都可调的交流电。

变频器中应用最多的是三相桥式逆变电路。常用的开关器件有门极可关断晶闸管（GTO）、电力晶体管（GTR 或 BT）、功率场效应晶体管（P‒MOSFET）以及绝缘栅双极型晶体管（IGBT）等。

（3）直流环节。

直流环节的作用是对整流电路输出的直流电进行平滑，以保证逆变电路和控制电路能够得到高质量的直流电源。当整流电路是电压源时，直流中间电路的主要器件是大容量的电解电等；而当整流电路是电流源时，直流中间电路则主要由大容量的电感组成。由于逆变器的负载为异步电动机，属于感性负载，所以，在中间直流环节和电动机之间总会有无功功率的交换，这种无功能量要靠中间直流环节的储能元件（电容器或电抗器）来缓冲，所以又常称中间直流环节为中间直流储能环节。

（4）主控电路。

主控电路是变频器的核心控制部分，通常由运算电路、检测电路、控制信号的输入输出电路和驱动电路构成。其主要任务是完成对逆变器的开关控制、对整流器的电压控制以及完成各种保护等。

主控电路的优劣决定了调速系统性能的优劣。

（5）采样电路。

采样电路包括电流采样和电压采样，其作用是提供控制用数据和提供保护采样。

（6）驱动电路。

用于驱动各逆变管。如果逆变管是 GTR，则驱动电路还包括以隔离变压器为主体的专用驱动电源。逆变管是 LGET 管，则逆变管的控制极和集电极、发射极之间是隔离的，不再需要隔离变压器，所以驱动电路常常和主控电路在一起。

（7）控制电源。

控制电源为主控电路和外控电路提供稳压电源。

主控电路以微机电路为主体，控制电源为主控电路提供稳定性非常高的 DC 5V 电源。外控电路的电源可以由外部提供，也可以由变频器提供。为给定电位器提供的电源通常是 DC 5V 或 DC 10V。为外接传感器提供的电源通常是 DC 24V。

3. 变频器的额定值和技术指标

（1）变频器的额定值

①输入侧的额定值。在我国，输入电压的额定值（指线电压）有三相 380V、三相 220V（主要是进口变频器）和单相 220V（主要用于家用电容小容量变频器）三种。此外，输入侧电源电压的频率一般规定为工频 50Hz 或 60Hz。

②输出侧的额定值。由于变频器在变频的同时也要变压，所以输出电压的额定值是指输出电压中的最大值。大多数情况下，它就是输出频率等于电动机额定频率时的输出电压值。通常，输出电压的额定值总是和输入电压相等。

③输出电流 I_N。指允许长时间输出的最大电流，是用户在选择变频器时的主要依据。

④输出容量 S_N。取决于和的乘积。

$$S_v = \sqrt{3}U_N I_N$$

⑤配用电动机容量 P_N。对于变频器说明书中规定的配用电动机。

$$P_N = S_N \eta_N \cos\varphi_M$$

说明书中的配用电动机容量仅对长期连续负载才是适用的，对于各种变动负载则不适用。

⑥过载能力。变频器的过载能力是指允许其输出电流超过额定电流的能力，大多数变频器都规定为 $150\% I_N$、$1\min$。

（2）变频器的性能指标

变频器的性能就是通常所说的功能，这类指标是可以通过各种测量仪器工具在较短时间内测量出来的，这类指标是 IEC 标准和国标所规定的出厂所需检验的质量指标。用户选择几项关键指标就可知道变频器的质量好坏，而不是单纯看是进口还是国产，是昂贵还是便宜。

①在 0.5Hz 时能输出多大的启动转矩。比较优良的变频器在 0.5Hz 时能输出200%高启动转矩。

②频率指标。变频器的频率指标包括频率范围、频率稳定度和频率分辨率。

频率范围以变频器输出的最高频率 f_{max} 和最低频率 f_{min} 标示，各种变频器的频率范围不尽相同。通常，最低工作频率为 0.1～1Hz，最高工作频率为 200～500Hz。

频率稳定精度也称频率精度，是指在频率给定值不变的情况下，当温度、负载变化，电压波动或长时间工作后，变频器的实际输出频率与给定频率之间的最大误差与最高工作频率之比(用百分数表示)。

通常，由数字量给定时的频率精度约比模拟量给定时的频率精度高一个数量级，前者通常能达到 ±0.01%（−10～+50C），后者通常能达到 ±0.5%[(25±10)0C]。

③速度调节范围控制精度和转矩控制精度。现有变频器速度控制精度能达到 ±0.005%，转矩控制精度能达到 ±3%。

④热低转速时的脉动情况。低转速时的脉动情况是检验变频器好坏的一个重要标准。有些高质量变频器在 1Hz 时转速脉动只有 1.5r/min。

⑤变频器的噪声及谐波干扰、发热量等都是重要的性能指标，这些指标与变频器所选用的开关器件及调制频率和控制方式有关。用 IGBT 和 IPM 制成的变频器，由于调制频率高，其噪声很小，但其高次谐波始终存在。

4. 变频器的铭牌及型号

下面以本书所用到的西门子 MM440 变频器为例，介绍变频器的铭牌及型号。

西门子 MM440 变频器的铭牌如图 1−5 所示。

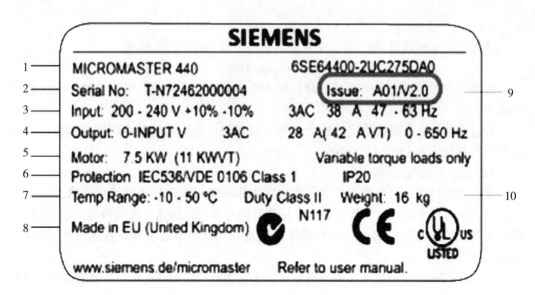

1—变频器型号；2—制造序号；3—输入电源规格；4—输出电流及频率范围；

5—适用电动机及其容量；6—防护等级；7—运行温度；8—采用的标准；

9—硬件/软件版本号；10—重量

图 1-5 西门子 MM440 铭牌

西门子 MM440 变频器的型号为 6SE64400 - 2UC275DA0，其各项表示的意思如图 1-6所示。

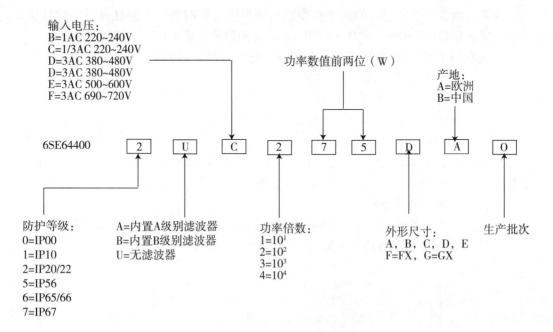

图 1-6 西门子 MM440 型号

第二章　德国西门子 MM440 变频器

MM440(Micro Master 440)系列变频器是德国西门子公司广泛应用于工业场合的多功能标准变频器。它采用高性能的矢量控制技术，提供低速高转矩输出和良好的动态特性，同时具备超强的过载能力，以满足广泛的应用场合。此系列有多种型号，额定功率从 120W 到 250kW。

1. MM440 变频器的主要特性

(1)参数设置功能强大，参数设置的范围很广，确保它可对广泛的应用对象进行配置；

(2)具有多个继电器输出，多个模拟量输出(0~20mA)

(3)6 个带隔离的数字输入，并可切换为 NPN/PNP 接线；

(4)2 个模拟输入：AIN1(0~10V，0~20mA、-10~+10V)和 AIN2(0~10V，0~20mA)；2 个模拟输入可以作为第 7 和第 8 个数字输入；

(5)有多种可选件供用户选用，包括与 PC 通信的通信模块、基本操作面板(BOP)、高级操作面板(AOP)以及进行现场总线通信的 PROFIBUS 通信模块。

2. MM440 变频器的性能特征

(1)具有矢量控制性能；

(2)具有 V/F 控制性能；

(3)具有快速电流限制(FCL)功能，可避免运行中不应有的跳闸；

(4)具有内置的直流注入制动，还具有复合制动功能；

(5)具有内置的制动单元(限外形尺寸为 A~F 的 MM440 变频器)；

(6)加速/减速斜坡特性具有可编程的平滑功能，包括起始和结束段带平滑圆弧，以及起始和结束段不带平滑圆弧两种方式；

(7)具有比例、积分和微分 PD 控制功能的闭环控制；

(8)各组参数的设定值可以相互切换，包括电动机数据组(DDS)、命令数据组和设定值信号源(CDS)；

(9)具有动力制动的缓冲功能，定位控制的斜坡下降曲线。

3. MM440 变频器的保护特性

(1)具有过电压/欠电压保护；

(2)具有变频器过热保护；

(3)具有接地故障保护；

(4)具有短路保护，以及 2t 电动机过热保护；

(5)具有 PTC/KTY84 温度传感器的电动机保护。

一、MM440 变频器结构

1. MM440 变频器的端子

(1)主回路接线端子，如图 2-1 所示。

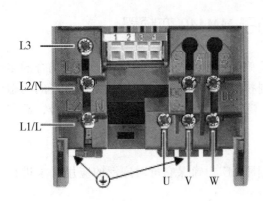

图 2-1　MM440 变频器主回路接线端子

（2）控制端子实际接线图，如图 2-2 所示。

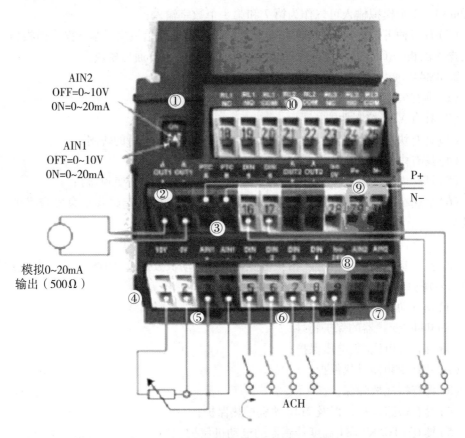

　　① DIP 开关；② 模拟量输出端子；③ 电机热保护端子；④ 直流输出 DC 10V；⑤ 模拟量输入端子 AIN1；⑥ 数字端子；⑦ 模拟量输入端子 AIN2；⑧ 公共端子；⑨ 通信端子；⑩ 继电器输出端子

图 2-2　控制端子实际接线图

（3）MM440 变频器控制端子示意图，如图 2－3 所示。

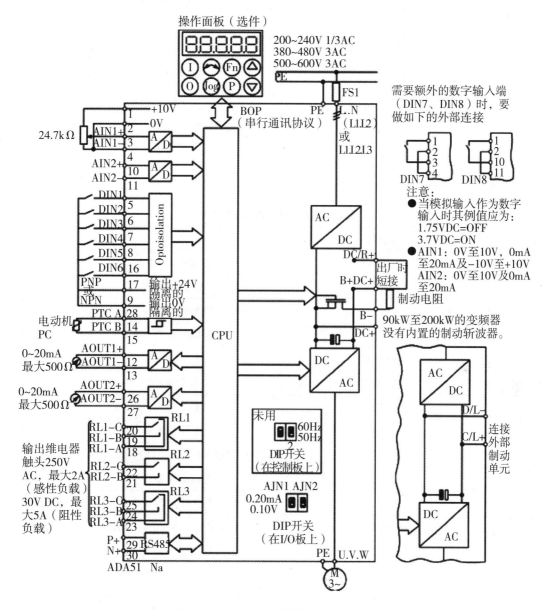

图 2－3　MM440 变频器控制端子示意图

模拟端子 1、2 通过改接也可作为数字端子使用，即 DIN7、DIN8，如图 2－5 所示。使用时要注意说明书中标明的数字电压门限值。

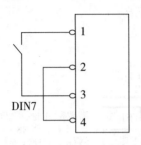 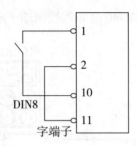

图 2-4 模拟端子改接为数字端子

（4）MM440 变频器控制端子功能。

MM440 变频器控制端子功能如表 2-1 所示。

表 2-1 MM440 控制端子功能

端子号	标识符	功　能
1	+10 V	直流输出 +10V
2	0V	直流输出 0V
3	AN1 +	模拟输入 1(+)
4	AN1 -	模拟输入 1(-)
5	DIN1 正转	数字输入 1
6	DIN2 反转	数字输入 2
7	DIN3	数字输入 3
8	DIN4	数字输入 4
9	+24V 输出	带电位隔离的输出 +24V/最大 100mA
10	AIN2 +	模拟输入 2(+)
11	AIN2 -	模拟输入 2(-)
12	AOUT1 +	模拟输出 1(+)，0～20mA
13	AOUT2 -	模拟输出 1(-)
14	PTCA	连接温度传感器 PTC/KTY84
15	PTCB	连接温度传感器 PTC/KTY84
16	DIN5	数字输入 5
17	DIN6	数字输入 6
18	NC1	数字输出 1/NC 常闭触头
19	NO1	数字输出 1/NO 常开触头
20	COM1	数字输出 COM1/公共触头
21	NO2	数字输出 2/NO 常开触头

续表 2 - 1

端子号	标识符	功　能
22	COM2	数字输出 COM2/公共触头
23	NC3	数字输出 3/NC 常闭触头
24	NO3	数字输出 3/NO 常开触头
25	COM3	数字输出 COM3/公共触头
26	AOUT2 +	模拟输出 2(+)，0 ~ 20mA
27	AOUT2 -	模拟输出 2(-)
28	0 V	带电位隔离的输出 0V/最大 100mA
29	P +	RS485 串口
30	N -	RS485 串口

2. 变频器 MM440 操作面板

变频器 MMM40 在标准供货方式时装有状态显示板(SDP)，利用 SDP 和制造厂商的缺省设置值，就可以使变频器成功地投入运行。如果制造厂商的缺省设置值不适合设置具体情况，可以利用基本操作板(BOP)或高级操作板(AOP)修改参数，使之匹配起来。三种操作面板如图 2 - 5 所示。

（a）状态显示板（SDP）　　（b）基本操作面板（BOP）　　（c）高级操作面板（AOP）

图 2 - 5　MM440 的操作面板

SDP 用于指示变频器的运行状态，只能利用制造厂的缺省设置值。通过外端子控制操作，使变频器投入运行。

BOP 和 AOP 是作为可选件供货的。

MM440 变频器只能用操作板 BOP 或 AOP 进行设置更改操作和运行。最常用的是基本操作面板 BOP。

二、MM440 变频器参数

(一)MM440 变频器常用的参数术语

1. 参数号

参数号是指该参数的编号。用 0000～9999 的 4 位数字表示。在参数号的前面冠以一个小写字母"r"时，表示该参数是"只读"的参数。在参数号的前面冠以一个大写字母"P"，这些参数的设定值可以直接在标题栏的"最小值"和"最大值"范围内进行修改。

2. 参数名称

参数名称是指该参数的名称。有些参数名称的前面冠以以下缩写字母：BI、BO、CI 和 CO，并且后跟一个冒号"："。

3. CStat

CStat 是指参数的调试状态。它有三种状态：调试 C、运行 U、准备运行 T。它用来表示该参数在什么时候允许进行修改。一个参数可以指定一种、两种或全部三种状态。若三种状态都指定了，则表示这一参数的设定值在变频器的上述三种状态下都可以进行修改。

4. 参数组

为了增加参数的透明度，迅速地找到某个参数，根据参数的功能把变频器的参数分成若干类，每一类即为一个参数组。通过参数 P0004（又称为参数过滤器），选定一组功能，对参数进行过滤（或筛选），并集中对过滤出的一组参数进行访问。

参数 P0004 的取值不同，在 BOP/AOP 上看到的参数也不同，具体取值如表 2 - 2 所示。

表 2 - 2　参数 P0004 取值

参数组	取　值	对应参数
所有参数	P0004 = 0	所有参数
变频器	P0004 = 2	变频器内部参数：0200～0299
电动机	P0004 = 3	电动机参数：0300～0399 和 0600～0699
编码器	P0004 = 4	速度编码器参数：0400～0499
技术应用	P0004 = 5	技术应用/装置：0500～0599
命令	P0004 = 7	控制命令数字 I/O：0700～0749 和 0800～0899
模拟 I/O	P0004 = 8	模拟输入/输出：0750～0799
设定值	P0004 = 10	设定值通道和斜坡函数发生器：1000～1199
功能	P0004 = 12	变频器的功能：1200～1299
控制	P0004 = 13	电动机开环/闭环控制：1300～1799
通信	P0004 = 20	通信：2000～2099
报警	P0004 = 21	故障报警监控功能：2100～2199
工艺控制	P0004 = 22	生产过程工艺参数控制器（PID 控制器）：2200～2399

5. 使能有效

指可以对该参数的数值进行修改(在输入新的参数数值以后)，即面板(BOP 或 AOP)上的"P"键被按下以后，才能使新输入的数值有效地修改该参数原来的数值。

6. 快速调试

指该参数是否只能在快速调试时进行修改。当 P0010 设定为 1(选择快速调试)时，即进入快速调试状态。

7. 默认值

指该参数的出厂设置值(缺省值)。若用户不对参数指定数值，则变频器就采用制造厂设定的这一数值作为该参数的值。

8. 用户访问级

指允许用户访问参数的等级。变频器共有四个访问等级：标准级、扩展级、专家级和维修级。

(二)变频器参数类型

MM440 有两种参数类型。

以字母"P"开头的参数"PXXXX"为用户可改动的参数；

以字母"r"开头的参数"rXXXX"表示本参数为只读参数。

所有参数分成命令参数组(CDS)及与电机、负载相关的驱动参数组(DDS)两大类。每个参数组又分为三组。其结构如图 2-6 所示。

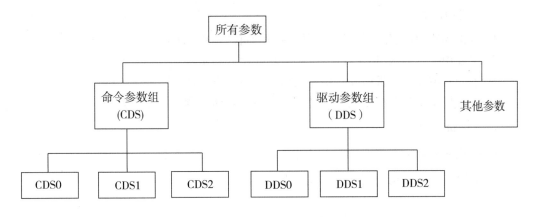

图 2-6　MM440 变频参器数结

默认状态下使用的当前参数组是第 0 组参数，即 CDS0 和 DDS0。一般情况下，如果没有特殊说明，所访问的参数都是指当前参数组，默认状态下使用的当前参数组是第 0 组参数，即 CDS0 和 DDS0。在 BOP 上显示为 ⌊in000⌋ 。

西门子 MM440 常用系统参数见附录四。

三、MM440 变频器调试步骤

通常一台新的 MM440 变频器一般需要经过如下三个步骤进行调试：

1. 参数复位，即恢复出厂设置。是将变频器参数恢复到出厂状态下的默认值(即缺省值)的操作。

由于变频器参数具有记忆功能，当控制要求改变时，通常在设置参数之前都应对变频器进行恢复出厂设置的操作，使所有参数都复位为出厂缺省值。

恢复出厂设置的操作方法：设定参数 P0010 = 30、P0970 = 1，按下 P 键，开始复位，时间约 10s。

2. 快速调试，包括电动机的参数设定和斜坡函数的参数设定。一般在复位操作后，或者更换电机后需要进行此操作。

3. 功能调试，指用户按照具体生产工艺的需要进行的设置操作。这一部分的调试工作比较复杂，常常需要在现场多次调试。

对于变频器的应用，首先必须熟练对变频器的面板操作，以及根据实际应用，对变频器的各种功能参数进行设置。

实训一　变频器的面板操作与运行控制

一、实训目的

1. 认识 MM440 变频器的结构和基本操作面板(BOP)的功能；

2. 掌握用操作面板(BOP)改变变频器功能参数的步骤；

3. 掌握基本操作面板(BOP)快速调试变频器的方法；

4. 掌握使用变频器控制电机启动、正反转、点动、调速的方法。

二、预备知识

(一)挂件 PWJ – 23 结构

挂件 PWJ – 23 结构如图 1 – 1 所示。

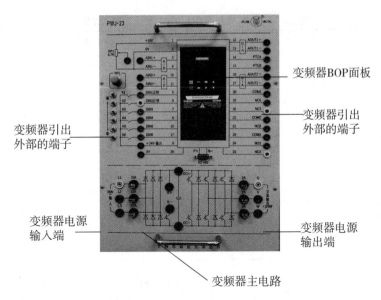

图 1 - 1 挂件 PWJ - 23

(二) MM440 变频器基本操作面板(BOP)

基本操作面板(BOP)具有 5 位数字的 7 段显示。用于显示参数的序号、数值、报警和故障信息,以及该参数的设定值和实际值。基本操作面板(BOP)不能存储参数的信息,但可利用 BOP 更改变频器的各个参数。

MM440 变频器基本操作面板(BOP)如图 1 - 2 所示,面板显示与按钮功能说明如表 1 - 1 所示。

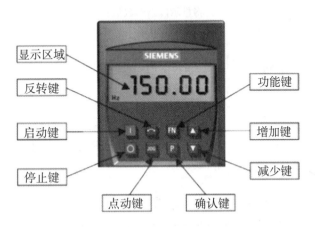

图 1 - 2 基本操作面板(BOP)

表 1 – 1   基本操作面板(BOP)按钮功能及说明

显示/按钮	功 能	说 明
r0000	状态显示	LCD 显示变频器当前的设定值
(I)	启动电动机	按此键启动电动机。缺省值运行时被封锁,为了使此键操作有效,应设定 P0700 = 1
(0)	停止电动机	OFF1:按此键变频器将按设定的斜坡下降速率减速停车,缺省值运行时被封锁,为了使此键操作有效,应设定 P0700 = 1 OFF2:按此键两次(或一次时间较长)电动机将在惯性作用下自由停车
(转向)	改变电动机的转向	按此键可改变电动机的旋转方向。反向用负号(–)表示,或用闪烁的小数点表示。缺省值运行时,此键被封锁;为了使此键的操作有效,应设定 P0700 = 1
(jog)	电动机点动	变频器无输出的情况下按下此键,将启动电动机,并按预先设定的点动频率运行。释放此键变频器停止。如果变频器/电动机正在运行,按此键将不起作用
(Fn)	功能	浏览辅助信息 变频器运行过程中,在显示任何一个参数时按下此键并保持2 s,将显示以下参数值: 1. 直流回路电压 2. 输出电流 3. 输出频率 4. 输出电压 跳转功能在显示任何一个参数时短时间按下此键,将立即跳转到 r0000,若需要可接着修改其他参数。或者再按 P 键,显示变频器运行频率在出现故障或报警时,按下此键可以将操作面板上显示的故障或报警信息复位
(P)	访问参数	按下此键即可访问参数
(▲)	增加数值	按此键即可增加面板上显示的参数数值
(▼)	减少数值	按此键即可减少面板上显示的参数数值

1. 利用基本操作面板(BOP)诊断故障

当发生故障时，变频器停止运行，基本操作面板上会显示以 FXXX 字母开头的故障代码，需要故障复位才能重新运行。为了使故障码复位，可以采用以下三种方法中的一种：

(1)重新给变频器加上电源电压。

(2)按下 BOP 上的 🄵 键。

(3)通过数字输入 3(缺省设置)。

2. 报警显示

当发生报警时，变频器继续运行，面板显示以 AXXX 字母开头的报警代码，报警消除后代码自然消除。

故障信息以故障码序号的形式存放在参数 r0949 中，相关的故障值可以在参数 r0949 中查到。

如果该故障没有故障值，r0949 中将输入 0，可以读出故障发生的时间 r0948 和存放在参数 r0947 中的故障信息序号 P0952。

报警信息以报警码序号的形式存放在参数 r2110 中，相关的报警信息可以在参数 r2110 中查到。

3. 利用基本操作面板(BOP)设置参数

变频器出厂时，已按相同额定功率的西门子四级标准电动机的常规对象进行编程。如果电动机为普通异步电动机，设置以下 3 个参数(即满足 3 个先决条件)：

(1)P0010 = 0(变频器处于准备运行状态)；

(2)P0700 = 1(选择命令源为基本操作面板 BOP)；

(3)P1000 = 1(用 BOP 控制频率的升降)。

即可使用 BOP 进行电动机的启动、停止、变频器输出频率的改变和电动机的转向等基本操作。

(三)MM440 变频器参数设置方法

MM440 在缺省设置时，用 BOP 控制电动机的功能是被禁止的。

用基本操作面板(BOP)可以修改任何一个参数。修改参数的数值时，BOP 有时会显示"busy"，表明变频器正忙于处理优先级更高的任务。

下面通过修改参数 P0004 的数值和下标参数 P0719 的步骤，说明用基本操作面板(BOP)设定任一个参数的方法。

1. 参数 P0004 的设置，如表 1 − 2 所示。

表 1 − 2　设置参数 P0004

	操作步骤	显示的结果
1	按 🄿 访问参数	r0000

续表 1 - 2

	操作步骤	显示的结果
2	按▲直到显示出 P0004	*P0004*
3	按●进入参数数值访问级	*0*
4	按▲或▼达到所需要的数值	*3*
5	按●确认并存储参数的数值	*P0004*
6	按❿显示出 r0000	*r0000*
7	按●键，显示频率	*50.00*

2. 下标参数 P0719 的设置，如表 1 - 3 所示。

表 1 - 3　设置下标参数 P0719

	操作步骤	显示的结果
1	按 P 访问参数	*r0000*
2	按 ▲ 直到显示出 P0719	*P0719*
3	按 P 进入参数数值访问级	*in000*
4	按 P 显示当前的设定值	*0*

续表 1-3

	操作步骤	显示的结果
5	按 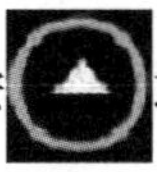 ▲ 或 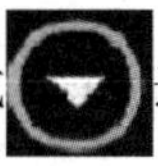 ▼ 选择运行所需要的最大功率	**3**
6	 按 P 确认并存储 P0719 的数值	 **P0719**
7	按  ▼ 直到显示出 r000	 **r0000**
8	 按 P 返回标准的变频器显示	

修改参数的数值时，BOP 有时会显示 **P----**，表明此时变频器正忙于处理优先级别更高的任务。

3. 变频器参数数值快速修改方法

为了快速修改变频器参数的数值，当确定已处于某一参数数值的访问级（即表 1-2、表 1-3 的第 4 步）后，可以单独修改显示出的每个数字，具体操作步骤如表 1-4 所示。

表 1-4 快速修改参数数值

	操作步骤
1	按  Fn（功能键），最右边的一个数字闪烁
2	按  ▲ 和  ▼，修改这位数字的数值
3	按  Fn（功能键），相邻的下一个数字闪烁
4	执行 2~4 步，直到显示出所要求的数值
5	按  P，退出参数数值的访问级

4. 基本操作面板(BOP)的快速调试

如果需要修改电动机的参数，可按表 1-5 给出的快速调试时的步骤和各参数的功能，进行快速调试及参数设定。

表 1-5　BOP 快速调试流程

步　骤	参数号	参数描述	推荐值
1	P0003	设置参数访问等级 =1　标准级(只需设置最基本的参数) =2　扩展级 =3　专家级	3
2	P0010	=0　准备运行 =1　开始快速调试 =30　工厂的缺省设置值 注意: 1. 只有在 P0010 =1 的情况下，电机的主要参数才能被修改 2. 只有在 P0010 =0 的情况下，变频器才能运行	
3	P0100	选择工作地区是欧洲/北美 =0　单位为 kW，频率 50Hz =1　单位为 HP，频率 60Hz =2　单位为 kW，频率 60Hz 注意:P0100 的设定值 0 和 1 应该用 DIP 开关来更改，使其设定的值固定不变	0
4	P0300	选择电机类型 =1　异步电机 =2　同步电机	1
5	P0304	电机额定电压 注意电机实际接线(Y/△)	根据电机铭牌
6	P0305	电机额定电流 注意电机实际接线(Y/△) 如果驱动多台电机，P0305 的值要大于电流总和	根据电机铭牌
7	P0307	电机额定功率 =0 或 2　单位是 kW =1　单位是 HP	根据电机铭牌
8	P0308	电机功率因数	根据电机铭牌

续表 1 - 5

步 骤	参数号	参数描述	推荐值
9	P0310	电机额定频率 通常为 50/60Hz，若为非标准电机，可以根据电机铭牌修改	根据电机铭牌
10	P0311	电机的额定速度 矢量控制方式下，必须准确设置此参数	根据电机铭牌
11	P0700	选择命令给定源（启动/停止/正反转） =0　工厂设置值 =1　BOP(操作面板) =2　I/O 端子控制 注意：改变 P0700 设置，将所有的数字输入输出复位至出厂设定	2
12	P1000	设置频率给定源 =0　无频率设定值 =1　用 BOP 控制频率的升降 =2　模拟设定值	1
13	P1080	设定电机运行的最小频率	0
14	P1082	设定电机运行的最大频率	50
15	P1120	斜坡上升时间，即电机从静止状态加速到最大频率所需时间	10
16	P1121	斜坡下降时间，即电机从其最大频率减速到静止状态所需的时间	10
17	P3900	结束快速调试 =0　不进行电机计算或复位为工厂缺省设置值 =1　电机数据计算，并将除快速调试以外的参数恢复到工厂设定 =2　电机数据计算，并将 I/O 设定恢复到工厂设定 =3　电机数据计算，其他参数不进行工厂复位	3

　　P0010 的参数过滤功能和 P0003 选择用户访问级别的功能在调试时是十分重要的。由此可以选定一组允许调试者进行快速调试的参数表，包括电动机的设定参数和斜坡函数的设定参数。

　　在快速调试的所有步骤都完成以后，应设定 P3900 = 1，以便将执行必要的电动机数据计算，并使其他所有的参数(不包括 P0010 = 1)恢复为缺省设置值。只有在快速调试方式下才可进行这一操作。

(四)变频器外部接线图

变频器外部接线如图 1 - 3 所示。

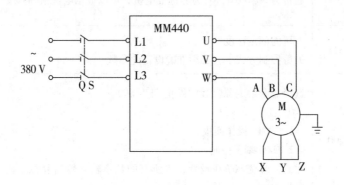

图 1 - 3　变频器外部接线图

三、实训设备

1. THWPMT - 2 型网络型高级维修电工及技师技能实训智能考核装置；

2. PWJ - 23 实训挂件一个；

3. WDJ 三相鼠笼式异步电动机一台；

4. 各种导线若干。

四、操作步骤

(一)安装与接线

按图 1 - 3 所示电路完成变频器与电动机的接线。

1. 在 THWPMT - 2 型网络型高级维修电工及技师技能实训智能考核装置上挂上 PWJ - 23 实训挂件，并插上电源；

2. 用导线将挂件 PWJ - 23 上的变频器主电路进线电源端子 L1、L2、L3 与实验台 PMT01 电源控制屏上主电路电源输出端 U、V、W 对应连接，电源电压为 380V；

3. 用导线将变频器主电路输出端 U、V、W 与电动机三相绕组连接；

4. 三相电机的连接方式可以是 △ 形连接，也可以是 Y 形连接；

5. 打开实验台 PMT01 电源控制屏上总电源开关，按下启动按钮，接通 PWJ - 23 实训挂件上电源。

(二)变频器参数设置与运行操作

1. 恢复出厂设置，以保证变频器的参数恢复复到工厂默认值。

设定 P0010 = 30 和 P0970 = 1，按下 P 键，开始复位，时间约 10s。

2. 使用 BOP 进行基本操作，控制电动机运行时，需进行以下参数设置(即满足 3 个先决条件)：

(1) P0010 = 0(变频器处于"准备运行"状态)；

（2）P0700 = 1（选择命令源为基本操作面板 BOP）；

（3）P1000 = 1（用 BOP 控制频率的升降）。

3. 变频器运行操作

（1）变频器启动：在 BOP 操作面板上按下绿色按钮 ，启动电动机。

（2）改变电动机转速：在电动机转动时，按下操作面板上的"数值增加"按钮 ，电动机的转速和显示频率逐渐增加，最大可到 50Hz。

按下操作面板上的"数值减少"按钮 ，电动机的转速和显示频率逐渐减小，最小可到 0。

（3）点动运行：按下操作面板上的点动键 ，则变频器驱动电机升速，频率最高可达到 50Hz。当松开面板上的点动键 时，变频器将驱动电动机降速至零。

（4）改变电机转动方向：电动机转动时，按下操作面板上的按钮 ，可实现电动机的正反转。

（5）电动机停车：在操作面板上按停止键 ，则变频器将驱动电动机降速至零。

4. 按表 1 - 6 所示步骤和参数设置完成 BOP 的快速调试。

表 1 - 6 电动机参数快速设置

步 骤	参数号	出厂值	设定值	功能说明
1	P0003	1	3	设定用户访问级为专家级
2	P0010	0	1	快速调试
3	P0100	0	0	功率以 kW 表示，频率为 50Hz
4	P0304	230	380	电动机额定电压(V)
5	P0305	3.25	0.65	电动机额定电流(A)
6	P0307	0.75	0.1	电动机额定功率(kW)
7	P0310	50	50	电动机额定频率(Hz)
8	P0311	0	1420	电动机额定转速(r/min)
9	P0700	2	1	选择命令源(BOP 面板操作)
10	P1000	2	1	用 BOP 控制频率的升降
11	P1080	0	0	电动机运行的最低频率(Hz)

续表 1 – 6

步　骤	参数号	出厂值	设定值	功能说明
12	P1082	50	50	电动机运行的最高频率（Hz）
13	P1120	10	10	斜坡上升时间（10s）
14	P1121	10	10	斜坡下降时间（10s）
15	P3900	0	1	结束快速调试，进行电动机计算和复位出厂值
16	P0010	0	0	准备运行

5. 重复步骤 3，完成变频器运行操作。

6. 切断电源，收拾工位。

五、扩展与思考

1. 当恢复出厂设置后，要使用 BOP 面板控制电机运行，必须修改哪些参数？这些参数的功能是什么？

2. 在本实训中，按步骤 2 的参数设置，使用 BOP 面板控制电机运行时的频率值范围是多少？按步骤 4 的参数设置，使用 BOP 面板控制电机运行时的频率值范围是多少？

六、总结本次实训出现的问题

实训二　多段速度选择变频器调速

一、实训目的

1. 了解变频器外部控制端子的功能；

2. 掌握 BCD 码选择 + ON 命令多段调速参数设置的方法；

3. 掌握外部端子控制电动机多段速运行的操作方法。

二、预备知识

（一）变频器 MM440 数字输入量的功能

变频器 MM440 有 8 个数字量的输入端，其中 5、6、7、8、16、17 是数字输入 DIN1 ～ DIN6，由外部开关 K1、K2、K3、K4、K5、K6 给定信号，如图 2 – 1 所示。DIN7 和 DIN8 由模拟端子 1、2 改接。每个数字量输入端都有一个对应的参数，用来设定该端子的功能，如表 2 – 1 所示。

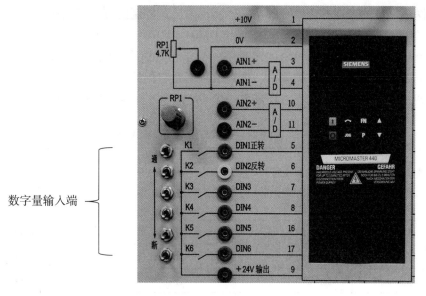

图 2 - 1　数字量输入端

表 2 - 1　MM440 变频器数字输入量的功能设置

端子号	外部开关	参数编号	出厂值	功能说明
5	K1	P0701	1	0：禁止数字输入
6	K2	P0702	12	1：ON/OFF1 接通正转/停车命令 1 2：ON/OFF1 接通反转/停车命令 1
7	K3	P0703	9	3：OFF2 停车命令 2，惯性自由停车
8	K4	P0704	15	4：OFF3 停车命令 3，斜坡函数曲线减速停车 9：故障确认
16	K5	P0705	15	10：正转点动
17	K6	P0706	15	11：反转点动 13：MOP 升速
1、2、3、4 改接的数字输入端子		P0707	0	14：MOP 减速 15：固定频率设定值(直接选择) 16：固定频率设定值(直接选择 + ON 命令)
1、2、10、11 改接的数字输入端子		P0708	0	17：固定频率设定值(二进制编码选择 + ON 命令) 25：直流注入制动 99：使能 BICO 参数化

（二）变频器多段速度控制方法

在频率源选择参数 P1000 = 3 的条件下，可以用数字量端子选择固定频率的组合的方式，实现电动机的多段速度运行。固定频率设置参数 P1001 ~ P1015 的数值范围为 - 650.00Hz ~ + 650.00Hz，此时电动机的转速方向由频率的正负所决定。

根据数字量输入端参数设定的功能，实现多段速控制的方法有三种：

1. 直接选择（P0701 = P0702 = P0703 = P0704 = P0705 = P0706 = 15）

一个数字量输入端选择一个固定频率，端子与对应固定频率的设置见表 2 - 2。如果有几个固定频率输入同时被激活，选定的频率是它们的总和。

注意，在这种操作方式下，还需要一个 ON 命令才能使变频器投入运行。

表 2 - 2　数字量输入端与固定频率设置对应表

端子号	数字编号	固定频率设置参数	
		参数号	缺省值
5	DIN1	P1001	0
6	DIN2	P1002	5.00
7	DIN3	P1003	10.00
8	DIN4	P1004	15.00
16	DIN5	P1005	20.00
17	DIN6	P1006	25.00

2. 直接选择 + ON 命令（P0701 = P0702 = P0703 = P0704 = P0705 = P0706 = 16）

在这种操作方式下，也是一个数字量输入端选择一个固定频率，端子与对应固定频率的设置见表 2 - 2。如果有几个固定频率输入同时被激活，选定的频率是它们的总和。

注意，在这种操作方式下，选择固定频率的同时，既有选定的固定频率，又带有 ON 命令，把它们组合在一起。

3. BCD 码选择 + ON 命令（P0701 = P0702 = P07033 = P0704 = P0705 = P0706 = 17）

MM440 变频器的 6 个数字输入端口（DIN1 ~ DIN6），哪一个作为电动机运行、停止控制，哪些作为多段频率的控制，是可以由用户任意确定的，一旦确定了某一数字输入端口的控制功能，其内部的参数设置值必须与端口的控制功能相对应。

当选择 DIN5、DIN6 端子作为变频器正频率和负频率的控制功能后，其余 4 个端子则按二进制排列，编码状态最多可以选择 15 个固定频率，由 P1001 ~ P1015 参数设置，参数设置为 - 650.00 ~ 650.00Hz，见表 2 - 3。

端子编码状态 0 表示该端子未激活，编码状态 1 表示该端子激活。

表 2 - 3　BCD 码选择 + ON 命令的 15 个段频率设定

频率设定	端子 8（DIN4）	端子 7（DIN3）	端子 6（DIN2）	端子 5（DIN1）
P1001	0	0	0	1
P1002	0	0	1	0
P1003	0	0	1	1

续表 2 – 3

频率设定	端子8(DIN4)	端子7(DIN3)	端子6(DIN2)	端子5(DIN1)
P1004	0	1	0	0
P1005	0	1	0	1
P1006	0	1	1	0
P1007	0	1	1	1
P1008	1	0	0	0
P1009	1	0	0	1
P1010	1	0	1	0
P1011	1	0	1	1
P1012	1	1	0	0
P1013	1	1	0	1
P1014	1	1	1	0
P1015	1	1	1	1

(三)变频器七段速调速运行控制电路

变频器外部端子开关 K1、K2、K3 按不同方式组合,可选择 7 种不同的输出频率,从而实现通过变频器外部端子控制电机七段速度运行,控制电路如图 2 – 2 所示。

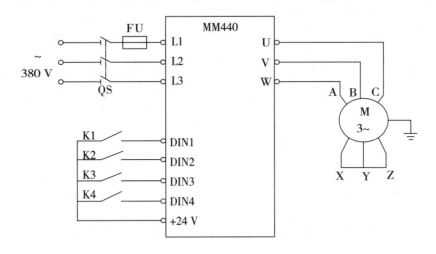

图 2 – 2　变频器七段调速运行控制电路

三、实训设备

1. THWPMT – 2 型网络型高级维修电工及技师技能实训智能考核装置,如图 1 – 7 所示;

2. PWJ – 23 实训挂件一个；

3. WDJ 三相鼠笼式异步电动机一台；

4. 各种导线若干。

四、实训操作步骤

(一)安装与接线

按图 2 – 2 所示电路完成变频器与电动机的接线。

1. 在 THWPMT – 2 型网络型高级维修电工及技师技能实训智能考核装置上挂上 PWJ – 23 实训挂件，并插上电源。

2. 用导线将挂件 PWJ – 23 上的变频器主电路进线电源端子 L1、L2、L3 与实验台 PMT01 电源控制屏上主电路电源输出端 U、V、W 对应连接，电源电压为 380V。

3. 用导线将变频器主电路输出端 U、V、W 与电动机三相绕组连接。

4. 三相电机的连接方式可以是△形连接，也可以是 Y 形连接。

5. 打开实验台 PMT01 电源控制屏上总电源开关，按下启动按钮，接通挂件 PWJ – 23 上电源。

(二)变频器参数设置

1. 恢复出厂设置，以保证变频器的参数恢复到工厂默认值。

设定 P0010 = 30 和 P0970 = 1，按下 P 键，开始复位，时间约 10s。

2. 设置电动机参数，步骤及参数设置如表 2 – 4 所示。

表 2 – 4　电动机参数设置

序　号	变频器参数	出厂值	设定值	功能说明
1	P0003	1	2	设定用户访问级为扩展级
2	P0010	0	1	快速调试
3	P0304	230	380	电动机的额定电压(380V)
4	P0305	3.25	0.3	电动机的额定电流(0.3A)
5	P0307	0.75	0.1	电动机的额定功率(100W)
6	P0310	50.00	50.00	电动机的额定频率(50Hz)
7	P0311	0	1420	电动机的额定转速(1420r/min)

3. 设置 7 段固定频率控制参数，步骤及参数设置如表 2 – 5 所示。

表 2 – 5　7 段固定频率控制参数设置

序　号	变频器参数	出厂值	设定值	功能说明
1	P1000	2	3	固定频率设定
2	P1080	0	0	电动机的最小频率(0Hz)

续表 2 - 5

序　号	变频器参数	出厂值	设定值	功能说明
3	P1082	50.00	50.00	电动机的最大频率(50Hz)
4	P1120	10	10	斜坡上升时间(10s)
5	P1121	10	10	斜坡下降时间(10s)
6	P0700	2	2	选择命令源(由端子排输入)
7	P0701	1	17	固定频率设值(二进制编码选择 + ON 命令)
8	P0702	12	17	固定频率设值(二进制编码选择 + ON 命令)
9	P0703	9	17	固定频率设值(二进制编码选择 + ON 命令)
10	P0704		1	ON 接通正转，OFF 停止
11	P1001	0.00	5.00	固定频率 1
12	P1002	5.00	10.00	固定频率 2
13	P1003	10.00	20.00	固定频率 3
14	P1004	15.00	25.00	固定频率 4
15	P1005	20.00	30.00	固定频率 5
16	P1006	25.00	40.00	固定频率 6
17	P1007	30.00	50.00	固定频率 7

4. 设定 P0010 = 0，变频器准备运行。

(三)变频器运行操作

1. 切换挂件 PWJ - 23 上开关 K4、K3、K2、K1 的通断，完成数据记录并填写表 2 - 6。

2. 切断电源，收拾工位。

五、数据记录与处理

1. 完成表 2 - 6　7 段固定频率的数据记录。

表 2 - 6　7 段固定频率记录

K4(端子 8)	K3(端子 7)	K2(端子 6)	K1(端子 5)	输出频率(Hz)
0	0	0	0	
0	0	0	1	
0	0	1	0	
0	0	1	1	
0	1	0	0	
0	1	0	1	

续表 2 – 6

K4 (端子 8)	K3 (端子 7)	K2 (端子 6)	K1 (端子 5)	输出频率 (Hz)
0	1	1	0	
0	1	1	1	
1	0	0	0	
1	0	1	0	
1	0	1	1	
1	1	0	0	
1	1	0	1	
1	1	1	1	

2. 在下面坐标系中画出 7 段固定频率。

六、拓展与思考

1. 当电动机需要反向运行时，如何通过频率值的设定来实现？

2. 按下列要求进行 12 段速设置。第 1 段输出频率为 5Hz；第 2 段输出频率为 10Hz；第 3 段输出频率为 15Hz；第 4 段输出频率为 –15Hz；第 5 段输出频率为 –5Hz；第 6 段输出频率为 –20Hz；第 7 段输出频率为 25Hz；第 8 段输出频率为 40Hz；第 9 段输出频率为 50Hz；第 10 段输出频率为 30Hz；第 11 段输出频率为 –30Hz；第 12 段输出频率为 60Hz。

（1）画出变频器外部接线图；

（2）写出参数设置；

（3）上机运行验证。

七、总结本次实训出现的问题

实训三　基于 PLC 控制方式的多段速调速

一、实验目的

1. 掌握快速设置变频器参数的方法；
2. 掌握 BCD 码选择 + ON 命令多段调速参数的设置方法；
3. 掌握由 PLC 控制的变频器多段速运行。

二、预备知识

1. PLC 与变频器组成的 7 段调速控制线路

通过 PLC 控制变频器数字量输入端，使变频器输出不同的频率，控制线路如图 3 -1所示。闭合开关 I0.0，变频器每过一段时间会自动变换一种输出频率，电动机变速运行；断开开关 I0.0，电动机停止运行。

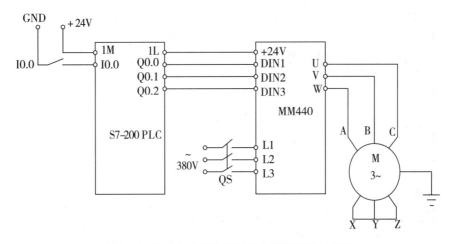

图 3 -1　PLC 与变频器组成的七段调速控制线路

2. PLC 的 I/O 地址分配表

PLC 的 I/O 地址分配表即 PLC 的 I/O 端口与变频器输入端子的连接关系，如表 3 -1所示。

表 3 -1　I/O 地址分配表

输　入			输　出		
符　号	地　址	注　释	符　号	地　址	注　释
外部开关 I0.0	I0.0	电机启动/停止开关	DIN1	Q0.0	控制变频器数字输入量端 1
			DIN2	Q0.1	控制变频器数字输入量端 2
			DIN3	Q0.2	控制变频器数字输入量端 3

3. 控制变频器多段速运行的 PLC 参考程序

如图 3 - 2、图 3 - 3 所示。

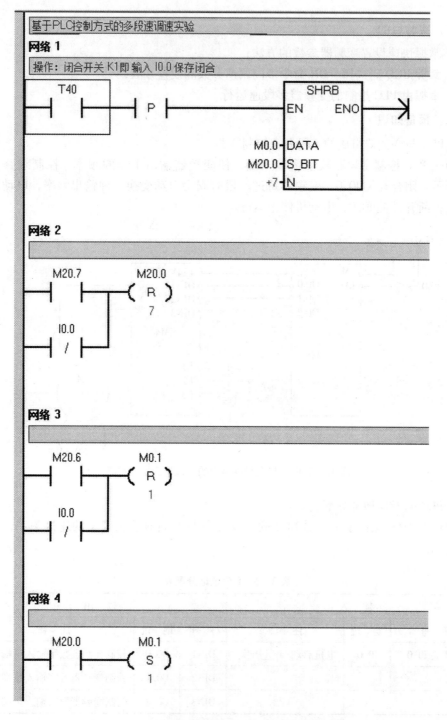

图 3 - 2 控制变频器多段速运行的 PLC 参考程序(一)

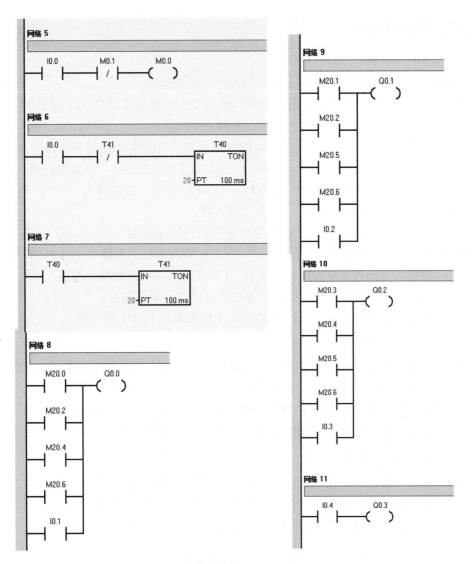

图 3 - 3　控制变频器多段速运行的 PLC 参考程序(二)

三、实训设备

1. THWPMT - 2 型网络型高级维修电工及技师技能实训智能考核装置；

2. PLC - S2 实训挂件一个；

3. PWJ - 23 实训挂件一个；

4. WDJ 三相鼠笼式异步电动机一台；

5. USB/PPI 通信编程电缆一根；

6. 电脑一台；

7. 各种导线若干。

四、实训操作步骤

（一）安装与接线

按图 3-1 所示电路完成 PLC、变频器与电动机的接线。

1. 在 THWPMT-2 型网络型高级维修电工及技师技能实训智能考核装置上挂上 PLC-S2 实训挂件及 PWJ-23 实训挂件，并插上电源。

2. 用导线将挂件 PLC-S2 上"基本指令编程练习"模块中外部开关信号 I0.0、L（+）、M 分别与 S7-200 PLC 输入点 I0.0、公共端 1M 及 L(+)、M 对应连接。

3. 用导线将 S7-200 PLC 输出点 Q0.0、Q0.1、Q0.2、公共端 1L 与挂件 PWJ-23 上变频器的 DIN1、DIN2、DIN3、+24V 对应连接。

4. 用导线将挂件 PWJ-23 上的变频器主电路进线电源端子 L1、L2、L3 与实验台 PMT01 电源控制屏上主电路电源输出端 U、V、W 对应连接，电源电压为 380V。

5. 用导线将变频器主电路端输出端 U、V、W 与电动机三相绕组连接。

6. 三相电机的连接方式可以是 △ 形连接，也可以是 Y 形连接。

7. 打开实验台总电源开关，打开 PMT01 电源控制屏上总电源开关。

（二）输入 PLC 程序

1. 输入 PLC 参考程序，进行编译，有错误时根据提示信息进行修改，直至无误。

2. 用 USB/PPI 通信编程电缆连接计算机串口与 PLC 通信口。

3. 按下实验台 PMT01 电源控制屏上启动按钮，下载程序至 PLC 主机中。

4. 下载完毕后，将 PLC 的"RUN/STOP"开关拨至"RUN"状态。

（三）设置变频器参数

1. 恢复出厂设置，以保证变频器的参数恢复到工厂默认值。

设定 P0010=30 和 P0970=1，按下 P 键，开始复位，时间约 10s。

2. 设置电动机参数，步骤及参数设置如表 3-2 所示。

表 3-2 电动机参数设置

序 号	变频器参数	出厂值	设定值	功能说明
1	P0003	1	2	设定用户访问级为扩展级
2	P0010	0	1	快速调试
3	P0304	230	380	电动机的额定电压（380V）
4	P0305	3.25	0.3	电动机的额定电流（0.3A）
5	P0307	0.75	0.1	电动机的额定功率（100W）
6	P0310	50.00	50.00	电动机的额定频率（50Hz）
7	P0311	0	1420	电动机的额定转速（1420r/min）

3. 设置 7 段固定频率控制参数，步骤及参数设置如表 3-3 所示。

表 3 - 3　7 段固定频率控制参数设置

序　号	变频器参数	出厂值	设定值	功能说明
1	P0003	1	1	设定用户访问级为标准级
2	P0004	2	10	设定值通道和斜率函数发生器
3	P1000	2	3	固定频率设定
4	P1080	0	0	电动机的最小频率(0Hz)
5	P1082	50.00	50.00	电动机的最大频率(50Hz)
6	P1120	10	10	斜坡上升时间(10s)
7	P1121	10	10	斜坡下降时间(10s)
8	P0003	1	1	设定用户访问级为标准级
9	P0004	0	7	命令和数字 I/O
10	P0700	2	2	选择命令源(由端子排输入)
11	P0003	1	2	设定用户访问级为扩展级
12	P0004	0	7	命令和数字 I/O
13	P0701	1	17	固定频率设值(二进制编码选择 + ON 命令)
14	P0702	12	17	固定频率设值(二进制编码选择 + ON 命令)
15	P0703	9	17	固定频率设值(二进制编码选择 + ON 命令)
16	P0704		1	ON 接通正转，OFF 停止
17	P0003	1	2	设定用户访问级为扩展级
18	P0004	0	10	设定值通道和斜率函数发生器
19	P1001	0.00	5.00	固定频率 1
20	P1002	5.00	10.00	固定频率 2
21	P1003	10.00	20.00	固定频率 3
22	P1004	15.00	25.00	固定频率 4
23	P1005	20.00	30.00	固定频率 5
24	P1006	25.00	40.00	固定频率 6
25	P1007	30.00	50.00	固定频率 7

4. 设定 P0010 = 0，变频器准备运行。

(四)变频器运行操作

1. 切换挂件 PLC - S2 上"基本指令编程练习"模块中外部开关信号 I0.0 的通断，观察电动机的运转情况并完成数据记录与分析。

2. 切断电源，收拾工位。

五、数据记录与分析

在下面坐标系中画出变频器输出的 7 段固定频率。

六、拓展与思考

1. 在本实训中，频率上升时间和下降时间（即斜坡时间）分别是多少？如果要将斜坡时间调整为 5s，则需将参数值修改为多少？参数值修改为多少？

2. 某电动机在一个工作周期内调速运行的 f $-t$ 曲线如图 3-5 所示（斜坡时间为 5s）。

（1）试绘出由 PLC 和变频器组成的电动机调速控制线路。

（2）根据现场电动机，列出变频器设置参数简表（修改斜坡时间需要快速调试）。

（3）绘出 PLC 控制程序梯形图。

图 3-5 $f-t$ 曲线

3. 使用 PLC 和变频器组成行车自动往返调速控制电路。当按下启动按钮后，要求变频器的输出频率如图 3-6 所示的曲线自动运行一个周期。

由变频器的输出频率曲线可知，当按下启动按钮 SB1 时，电动机启动，斜坡上升时间为 5s，正转运行频率为 20Hz，行车前进。触碰，行程开关 SQ1 时，电动机先减速停止，然后开始反向启动，斜坡下降时间也为 5s，反转运行频率 30Hz；触碰行程开关 SQ2 时，电动机减速停止；按下 SB2 时，电动机停止。

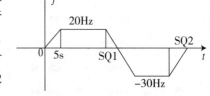

图 3-6 变频器输出频率

（1）试绘出 PLC 和变频器的行车自动往返调速控制电路。

（2）根据现场电动机列出变频器设置参数简表（要求使用直接选择 +ON 命令）。

（3）绘出 PLC 控制程序梯形图。

（4）上机调试运行。

七、总结本次实训出现的问题

实训四　基于外部电位器方式的变频器外部电压调速

一、实训目的

1. 掌握 MM440 变频器基本参数的输入方法；
2. 掌握 MM440 变频器的模拟信号控制原理；
3. 掌握 MM440 变频器的运行操作过程。

二、预备知识

MM440 变频器可以通过基本面板（BOP）操作，调节变频器输出频率，改变电动机的转速；可以通过 6 个数字输入端口，对电动机进行多段调速；也可以通过模拟输入端调节电动机转速的大小。

MM440 变频器的 1、2 端口之间提供了一个高精度的 +10V 直流稳压电源，通过调节串联在电路中的调压电阻 RP1，可改变输入端口 AN1 + 给定的模拟输入电压，变频器的输入量将紧紧跟踪给定量的变化，从而平滑无极地调节电动机的转速。

MM440 变频器为用户提供了两对模拟输入端口，即端口 3、4 和端口 10、1。通过参数设置，可使数字输入端口 5 具有正转控制功能，数字输入端口 6 具有反转控制功能；模拟输入端口 3、4 外接调压电阻，可实现由数字输入端控制电动机转速的方向，由模拟输入端控制电动机的转速。

基于外部电位器方式的变频器外部电压调速的电路如图 4 – 1 所示。

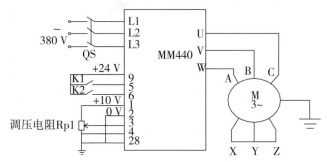

打开开关 K1，启动变频器，电动机正转运行，调节外接电位器 RP1，模拟电压信号在 0 ~ 10V 变化，对应变频器的频率在 0 ~ 50Hz 变化。

关闭开关 K1，停止变频器。

打开开关 K2，启动变频器，电动机反转运行，调节外

图 4 – 1　基于外部电位器方式的变频器外部电压调速电路

接电位器 RP1，模拟电压信号在 0 ~ 10V 变化，对应变频器的频率在 0 ~ 50Hz 变化。

关闭开关"K2"，停止变频器。

三、实训设备

1. THWPMT – 2 型网络型高级维修电工及技师技能实训智能考核装置；
2. PWJ – 23 实训挂件一个；
3. WDJ 三相鼠笼式异步电动机一台；
4. 各种导线若干。

四、实训操作步骤

（一）安装与接线

按图 4-1 所示电路完成变频器、电动机的接线。

1. 在 THWPMT-2 型网络型高级维修电工及技师技能实训智能考核装置上挂上 PWJ-23 实训挂件，并插上电源。

2. 用导线将变频器端口 3 与滑动端连接。

3. 用导线将挂件 PWJ-23 上的变频器主电路进线电源端子 L1、L2、L3 与实验台 PMT01 电源控制屏上主电路电源输出端 U、V、W 对应连接，电源电压为 380V。

4. 用导线将变频器主电路端输出端 U、V、W 与电动机三相绕组连接。

5. 三相电机的连接方式可以是 △ 形连接，也可以是 Y 形连接。

6. 打开实验台 PMT01 电源控制屏上总电源开关，按下启动按钮，接通挂件 PWJ-23 上电源。

（二）设置变频器参数

1. 恢复出厂设置，以保证变频器的参数恢复到工厂默认值。

设定 P0010=30 和 P0970=1，按下 P 键，开始复位，时间约 10s。

2. 设置电动机参数，步骤及参数设置如表 4-1 所示。

表 4-1　电动机参数设置

序　号	变频器参数	出厂值	设定值	功能说明
1	P0003	1	2	设定用户访问级为扩展级
2	P0010	0	1	快速调试
3	P0304	230	380	电动机的额定电压（380V）
4	P0305	3.25	0.3	电动机的额定电流（0.3A）
5	P0307	0.75	0.1	电动机的额定功率（100W）
6	P0310	50.00	50.00	电动机的额定频率（50Hz）
7	P0311	0	1420	电动机的额定转速（1420r/min）
8	P0010	0	0	准备运行

3. 设置模拟信号操作控制参数，步骤和参数设置如表 4-2 所示。

表 4-2　模拟信号操作控制参数

序　号	变频器参数	出厂值	设定值	功能说明
1	P0003	1	1	设定用户访问级为标准级
2	P0004	0	7	命令和数字 I/O
3	P0700	2	2	命令源选择由端子排输入
4	P0003	1	2	设定用户访问级为扩展级

续表 4－2

序　号	变频器参数	出厂值	设定值	功能说明
5	P0701	1	1	ON/OFF(接通正转/停车命令1)
6	P0702	1	2	ON/OFF(接通反转/停车命令1)
7	P0003	1	1	设定用户访问级为标准级
8	P0004	0	10	设定值通道和斜率函数发生器
9	P1000	2	2	频率设定值选择位模拟量输入
10	P1080	0	0	电动机的最小频率(0Hz)
11	P1082	50	50	电动机的最大频率(50Hz)

(三)变频器运行操作

1. 打开开关 K1，调节外接电位器 RP1，观察电动机的运行情况。

2. 关闭开关 K1。

3. 打开开关 K2，调节外接电位器 RP1，观察电动机的运行情况。

4. 关闭开关 K2，停止变频器。

5. 切断电源，收拾工位。

五、拓展与思考

1. 如果输入变频器的模拟电压信号为 0 ~ +10V 时，则变频器的输出频率范围是多少？当模拟电压信号分别为 +2V、+4V、+8V 时，对应的变频器的输出频率分别是多少？

2. 在本实训中，如果不使用外部端子 K1、K2 控制电动机的正反转或停止，而是通过基本操作面板 BOP 进行控制：

(1)请画出变频器模拟量调速控制的接线图；

(2)写出参数设置表；

(3)上机运行验证。

六、总结本次实训出现的问题

第四篇 触摸屏概述

一、触摸屏

触摸屏(touch screen)是一种可接收触头等输入信号的感应式液晶显示装置。当接触屏幕上的图形按钮时，屏幕上的触觉反馈系统可根据预先编写的程序驱动各种连接装置，可用来取代机械式的按钮面板，并借由液晶显示画面制造出生动的影音效果。

二、人机界面(HMI)

人机界面(human machine lnterface)又称人机接口，简称 HMI，是操作人员与 PLC 之间双向沟通的桥梁，用来实现操作人员与计算机控制系统之间的数据交换。人机界面装置用来显示 PLC 的 I/O 状态和各种系统数据，接收操作人员发出的各种命令和设置的参数，并将它们传送到 PLC。

HMI 产品包括操作面板和 WinCC 组态软件两大部分。

三、Smart700 触摸屏

按 HMI 面板按功能按不同，可分为微型面板、移动面板、按键面板、触摸面板和多功能面板等。其中，(smart panel 智能面板)有 Smart700 和 Smart1000 两种型号。

Smart700 触摸屏为高分辨率的触摸屏，7 英寸宽屏显示，集成 RS485 接口，适用于单机自动化场合，能够实现与 S7-200 PLC 的无缝对接。

1. Smart700 触摸屏结构

Smart700 触摸屏结构如图 1-1 所示。

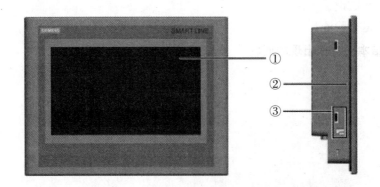

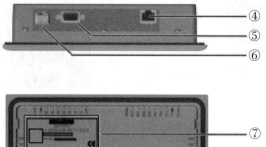

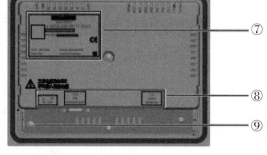

① 显示器/触摸屏；② 安装密封垫；③ 安装卡钉的凹槽；④ 以太网接口；⑤ RS485/422 接口；⑥ 电源连接器；⑦ 铭牌；⑧ 接口名称；⑨ 功能接地连接

图 1 - 1　Smart700 IE 触摸屏结构

2. Smart700 触摸屏的端子接线

（1）触摸屏的 24VDC 直流电源连接。

触摸屏的 24VDC 直流电源连接步骤如图 1 - 2 所示。

①将两根电源线的一端插入到电源连接器中，并使用一字形螺丝刀加以固定。

②将 HMI 设备连接到电源连接器上。

③关闭电源。

④将两根电源线的一端插入到电源端子中并用一字形螺丝刀加以固定。

电源不正确会损坏 HMI 设备。

（2）组态 PC 与 Smart700 连接。

将安装了组态软件的 PC（电脑）与 Smart700 连接，步骤如图 1 - 3 所示。

①关闭 HMI 设备。

②将 PC/PPI 电缆的 RS485 接头与 HMI 设备连接。

③将 PC/PPI 电缆的 RS232 接头与组态 PC 连接。

也可以使用附件中 USB/PPI 电缆代替 PC/PPI 电缆。

（3）PLC 与 Smart700 连接。

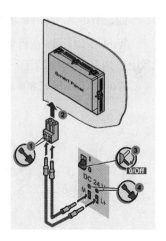

图 1 - 2　Smart700 与安装了组态软件的 PC（电脑）连接

在完成触摸屏的组态和下载任务后，通过 RS422/RS485 接口，用 RS422/RS485 串口连接电缆将 Smart700 与 SIMTIC S7 - 200PLC 连接起来，如图 1 - 4 所示。

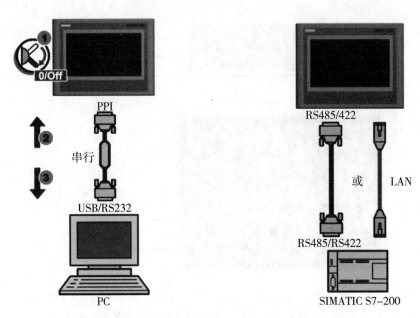

图 1 - 3　组态 PC 与 Smart700 触摸屏的连接　　图 1 - 4　PLC 与 Smart700 的连接

四、WinCC flexible 2008 软件简介

WinCC flexible 是目前被广泛认可的组态软件。它可以满足各种需求，从单用户、多用户到基于网络的工厂自动化控制和监视。

WinCC flexible 2008 的操作界面如图 1 - 5 所示。

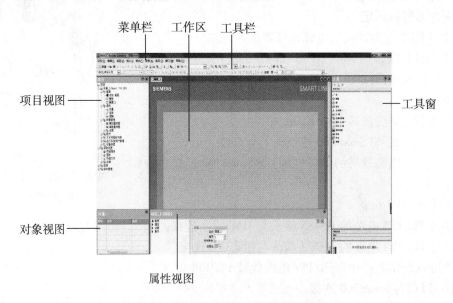

图 1 - 5　WinCC flexible 2008 操作界面

（1）菜单栏和工具栏。菜单栏和工具栏是软件应用的基础。

（2）项目视图。项目中包含了可以组态的所有元件和生成项目时自动创建的一些元件。项目中的各组成部分在项目视图中以树形结构显示，分为设备、语言设置、结构和版本管理等 4 个层次，作为每个编辑器的子元件，采用文件夹以结构化的方式保存对象。

（3）工作区。工作区是用户对项目内容进行编辑的区域。除了工作区外，可以对其他窗口（如项目视图和工具箱等）进行移动、改变大小和隐藏等操作。

（4）属性视图。属性视图用于设置在工作区中选中对象的属性，输入参数按回车键生效。属性窗口一般在工作区下面。在编辑画面时，如果未激活画面中的对象，在属性对话框中将显示该画面的属性，可以对画面的属性进行编辑。

（5）工具窗。工具窗口中包含画面需要经常使用的各种类型对象。打开"画面"编辑器时，工具箱提供的对象组有简单对象、增强对象、图形和库。简单对象中有线、折线、多边形、矩形、文本域、图形视图、按钮、开关、IO 域或对象。增强对象提供增强的功能，这些对象可以显示动态过程，如配方视图、报警视图和趋势图等。库是工具箱视图元件，是用于存储常用对象的中央数据库。只需对库中存储的对象组态一次，以后便可以多次重复使用。

五、触摸屏的使用步骤

（一）触摸屏组态软件的编写

1. 进入组态编程环境、创建项目；

2. 选择设备型号；

3. HMI（触摸屏）的通信设置，包括连接设置——用于实现 HMI 与 PLC 之间通信；变量设置——定义项目所需要的全部变量；周期设置。

4. HMI（触摸屏）的画面编辑。

（二）触摸屏的编译和下载

当触摸屏的画面组态结束后，需要对创建的软件进行编译。如果编译出现错误，组态软件会提供支持来查找错误，更正所有问题后，将编译后的项目装载到要运行该项目的 HMI 设备中。

（三）触摸屏的操作

1. 按照项目要求编写 PLC 控制程序并下载。

2. 用 RS422/RS485 串口连接电缆连接触摸屏与 PLC，然后在 HMI 设备上执行相关操作。

实训一　PLC 输入输出检测

一、实训目的

1. 掌握 WinCC flexible 软件的操作界面；

2. 掌握 WinCC flexible 软件的基本操作方法；

3. 掌握输入输出检测的触摸屏组态方法。

二、预备知识

1. 挂件 PAE–41 结构，如图 1–1 所示。

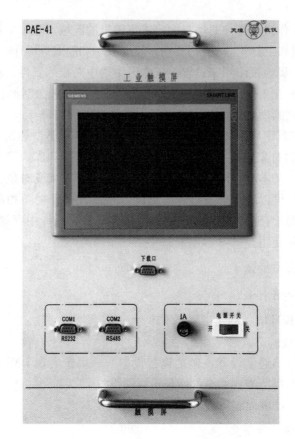

图 1–1　挂件 PAE–41 结构

2. 触摸屏与计算机的连接，如图 1–2 所示。

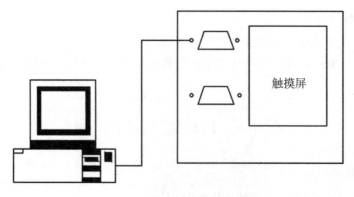

图 1–2　触摸屏、计算机连接

3."PLC 输入输出检测"组态，如图 1-3 所示。

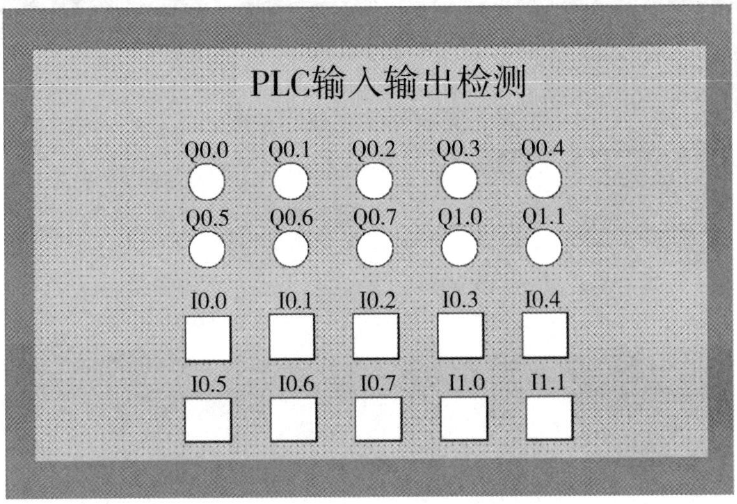

图 1-3　PLC 输入输出检测界面

图 1-3 中，I0.0~I0.4 为按钮，I0.5~I1.1 为开关，Q0.0~Q1.1 为输出检测。

按下按钮 I0.0~I0.4，对应的输出 Q0.0~Q0.4 灯亮，松开按钮 I0.0~I0.4，对应的输出 Q0.0~Q0.4 灯灭；

按下 I0.5~I1.1，对应的输出 Q0.5~Q1.1 灯亮，松开后再按一次 I0.5~I1.1，对应的输出 Q0.5~Q1.1 灯灭。

三、实训设备

1. THWPMT-2 型网络型高级维修电工及技师技能实训智能考核装置；

2. PAE-41 实训挂件一个；

3. 电脑一台；

4. USB/PPI 通信编程电缆一根。

四、实训操作步骤

(一)安装与接线

1. 在 THWPMT-2 型网络型高级维修电工及技师技能实训智能考核装置上挂上实训挂件 PAE-41，并插上电源。

2. 打开实验台 PMT01 电源控制屏上总电源开关。

(二)组态"输入输出检测"画面

1. 双击  图标，打开 SIMATIC WinCC flexible 2008 软件，点击创建一个空项目，如图 1-4 所示。

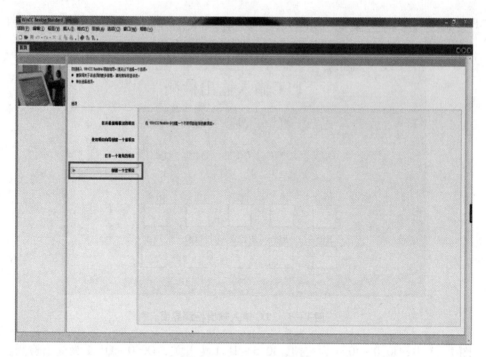

图 1-4　创建一个空项目

2. 选择 Smart Line/Smart700 IE 并确定，如图 1-5 所示。

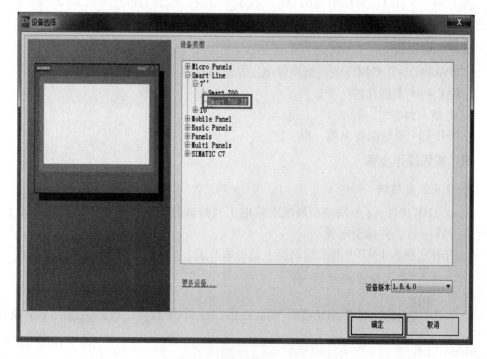

图 1-5　选择触摸屏型号 Smart700 IE

3. 进入 SIMATIC WinCC flexible 2008 组态界面，双击左侧项目视图中的"通信"→"连接"选项，打开"连接"窗口，如图1–6所示。

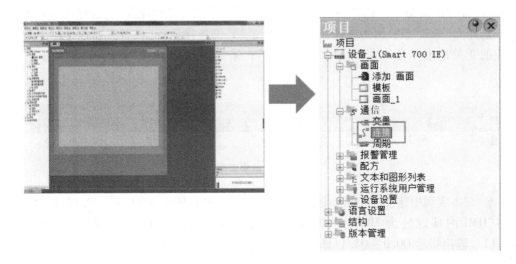

图1–6　建立通信→连接

4. 双击"连接"表格第一行，添加连接设备，名称为"连接1"；通信驱动程序为"SIMATIC S7 200"；在线为"开"；接口为默认"IF1 B"；网络→配置参数为"PPI"；HMI设备→波特率为"9600"，其他参数默认。如图1–8所示。

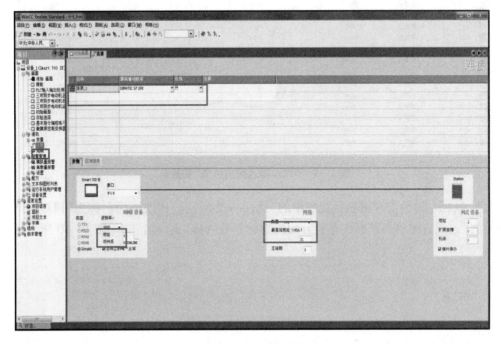

图1–7　设置通信连接参数

5. 双击左侧项目视图中"通信"→"变量"选项，在变量窗口表的第一行双击鼠标，则会自动生成一个新变量。名称项中键入变量的名称，在本实训中为"I0.0"；连接项中选择"连接的设备"或"内部变量"，在本实训中选择"连接的设备"；数据类型在本实训中选择为"Bool"型；因为在连接项中选择了"外部连接设备"，所以在地址中要选择对应的变量地址，在本实训中键入"M0.0"；采集周期选择为"100ms"。如图 1 - 8 所示。

名称	连接	数据类型	地址	数组计数	采集周期
I0.0	连接_1	Bool	M 0.0	1	100 ms

图 1 - 8　设置变量

6. 在本实训中建立了 20 个变量，建立的变量表如图 1 - 9 所示，即按钮 I0.0 ~ I0.4(HMI 内部地址为 M0.0 ~ M0.4)、开关 I0.5 ~ I1.1(HMI 内部地址为 M0.5 ~ M1.1)、输出指示 Q0.0 ~ Q1.1(HMI 内部地址为 Q0.0 ~ Q1.1)。

名称	连接	数据类型	地址	数组计数	采集周期
I0.0	连接_1	Bool	M 0.0	1	100 ms
I0.1	连接_1	Bool	M 0.1	1	100 ms
I0.2	连接_1	Bool	M 0.2	1	100 ms
I0.3	连接_1	Bool	M 0.3	1	100 ms
I0.4	连接_1	Bool	M 0.4	1	100 ms
I0.5	连接_1	Bool	M 0.5	1	100 ms
I0.6	连接_1	Bool	M 0.6	1	100 ms
I0.7	连接_1	Bool	M 0.7	1	100 ms
I1.0	连接_1	Bool	M 1.0	1	100 ms
I1.1	连接_1	Bool	M 1.1	1	100 ms
Q0.0	连接_1	Bool	Q 0.0	1	100 ms
Q0.1	连接_1	Bool	Q 0.1	1	100 ms
Q0.2	连接_1	Bool	Q 0.2	1	100 ms
Q0.3	连接_1	Bool	Q 0.3	1	100 ms
Q0.4	连接_1	Bool	Q 0.4	1	100 ms
Q0.5	连接_1	Bool	Q 0.5	1	100 ms
Q0.6	连接_1	Bool	Q 0.6	1	100 ms
Q0.7	连接_1	Bool	Q 0.7	1	100 ms
Q1.0	连接_1	Bool	Q 1.0	1	100 ms
Q1.1	连接_1	Bool	Q 1.1	1	100 ms

图 1 - 9　"PLC 输入输出检测"变量表

7. 鼠标左键单击左侧项目视图中的"画面→画面 1"，修改画面名称为"PLC 输入输出检测"；或右键单击鼠标，在打开编辑器标签处选择"重命名"。如图 1 - 10 所示。

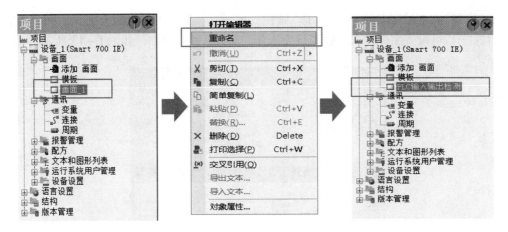

图 1－10　画面重命名

8. 设置和添加文本。

（1）打开"PLC 输入输出检测"画面，在右侧工具窗口的"简单对象"中选中"A 文本域"并将其拖入到画面编辑区的合适位置，此时画面中会出现文本"text"，选中"text"文本域，单击鼠标右键选择"属性"，在下方中出现"文本域"属性编辑窗口，如图 1－11所示。

（2）在"文本域"属性窗口会选择"常规"项并输入汉字："PLC 输入输出检测"，如图 1－12所示。

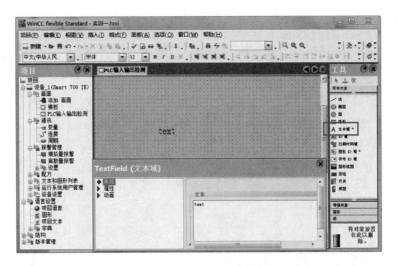

图 1－11　绘制文本域

图 1－12　编辑文本域属性（一）

（3）在"文本域"属性窗口中选择"属性"→"文本"项，可设置对齐方式，单击字体框后的"…"可设置字体样式，将其设为宋体、28pt、顶部居中，如图 1 – 13 所示。

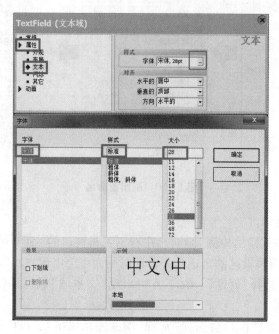

图 1 – 13　编辑文本域属性（二）

（4）设置完成的文本"PLC 输入输出检测"如图 1 – 14 所示。

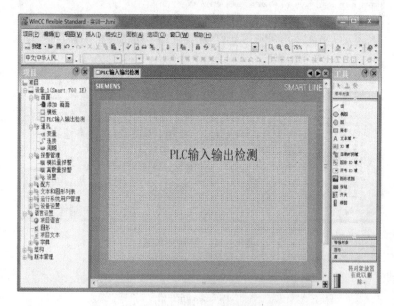

图 1 – 14　文本"PLC 输入输出检测"

9. 添加和设置输出监测指示。

（1）在工具窗口中选择"简单对象"中的"圆"，然后在画面编辑区内用鼠标单击，则在画面中出现一个圆，选中"圆"图形，单击鼠标右键选择"属性"，在下方打开"圆"的属性编辑窗口，如图 1 - 15 所示。

图 1 - 15　绘制圆

（2）在"圆"属性窗口中选择"动画"→"外观"，勾选"启用"选项；变量选择"I0.0"；类型选择"位"；分别双击右侧第一行（状态为"0"时的状态）和第二行（状态为"1"时的状态），对"前景色""背景色""闪烁"等进行设置。如图 1 - 16 所示。

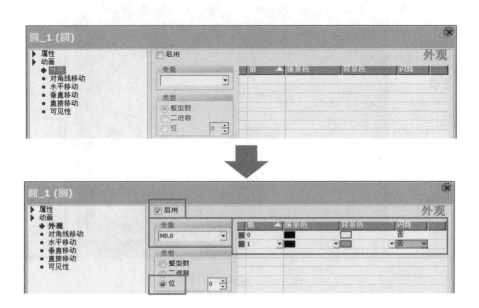

图 1 - 16　编辑"圆"属性

(3) 在"圆"的上方放置文本"Q0.0",如图 1-17 所示。

图 1-17　添加文本"Q0.0"

(4) 重复上述步骤,添加输出检测 Q0.1 ~ Q1.1,如图 1-18 所示。

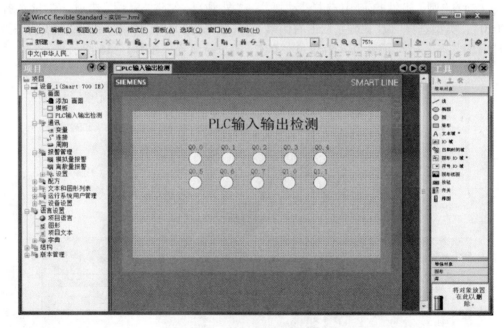

图 1-18　组态输出检测

10. 添加和设置按钮。

(1) 在工具窗口的"简单对象"中单击"按钮",在画面编辑区内单击鼠标,画出相应大小的图形，选中"按钮"图形，单击鼠标右键选择"属性"，在下方打开"按钮"属性编辑窗口，如图 1-19 所示。

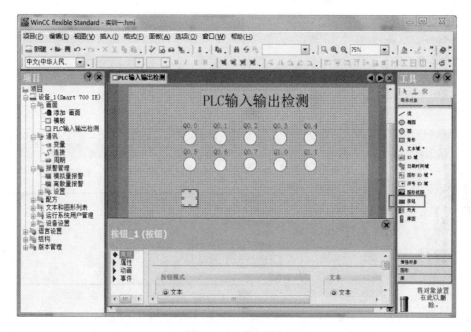

图 1-19　绘制按钮

（2）在"按钮"属性窗口中选择"常规"，在右侧的按钮模式下勾选"文本"选项；将"OFF"状态文本删除；"ON"状态文本设为"ON"。如图 1-20 所示。

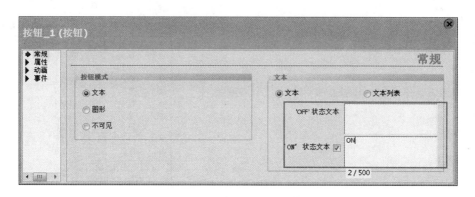

图 1-20　编辑按钮常规属性

（3）在按钮的属性窗口中选择"事件"→"按下"；点击右侧第一行末尾的下拉箭头添加函数，选择编辑位中的"SetBitWhileKeyPressed"（表示点动 I0.0）；点击第二行末尾下拉箭头添加变量为"I0.0"。如图 1-21 所示。

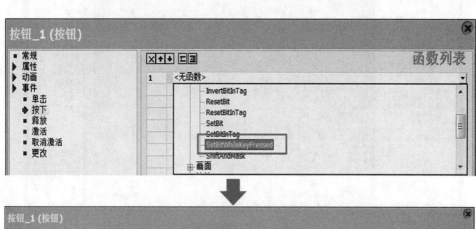

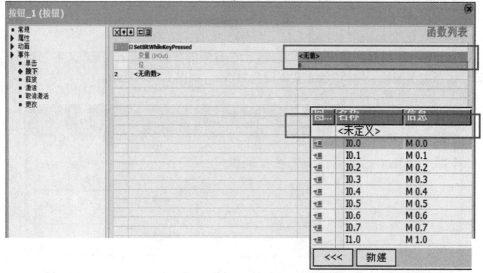

图 1 – 21　设置按钮函数

（4）在按钮上方添加文本"I0.0"，如图1-22所示。

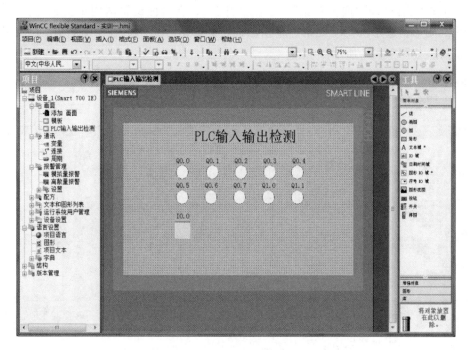

图1-22　添加按钮文本"I0.0"

（5）重复上述步骤，添加输入按钮I0.1~I0.4，如图1-23所示。

图1-23　组态按钮

11. 添加和设置开关。

(1)在工具窗口的"简单对象"中单击"开关",在画面编辑区内单击鼠标,画出相应大小的图形,选中"开关"图形,单击鼠标右键选择"属性",在下方打开"开关"属性编辑窗口,如图1-24所示。

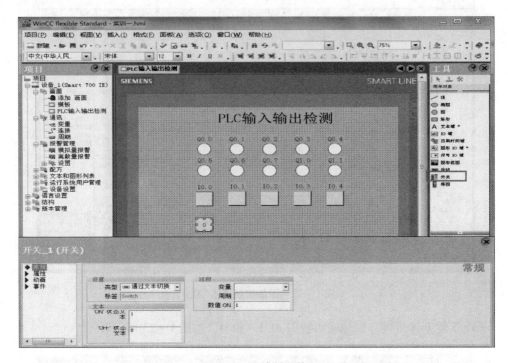

图1-24 绘制开关

(2)在"开关"属性窗口中选择"常规",在右侧设置类型为"通过文本切换";将"OFF"状态文本删除;"ON"状态文本设为"ON";过程变量选择"I0.5"。如图1-25所示。

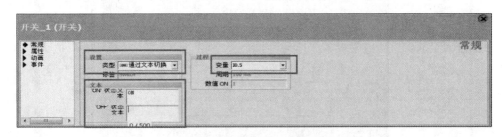

图1-25 编辑开关常规属性

(3)在"开关"属性窗口中选择"事件"→"打开";点击右侧第一行末尾的下拉箭头添加函数,选择编辑位中的"Set Bit"(表示长动 I0.5);点击变量(In Out)下拉箭头添加变量为"I0.5"。如图1-26所示。

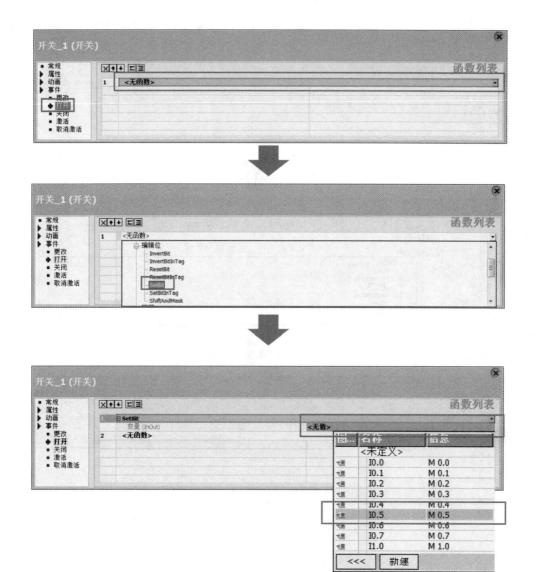

图 1 - 26 设置开关函数(一)

(4)在开关的属性窗口中选择"事件"→"关闭";点击右侧第一行末尾的下拉箭头添加函数,选择编辑位中的"Reset Bit"(表示长动 I0.5);点击变量(In Out)下拉箭头添加变量为"I0.5"。如图 1 - 27 所示。

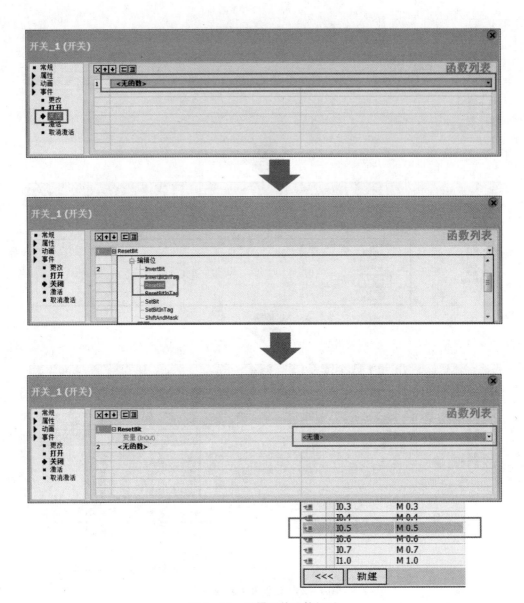

图 1 – 27　设置开关函数(二)

（5）在开关上方添加文本"I0.5"，如图1-28所示。

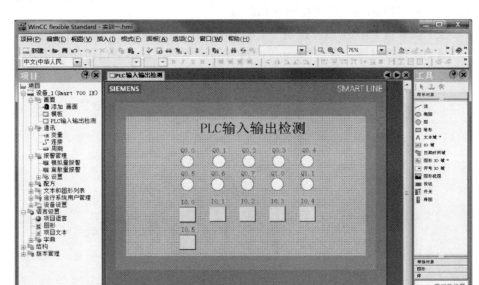

图1-28　添加开关文本"I0.5"

（6）重复上述步骤，添加输入开关 I0.6~I1.1。

（三）触摸屏编译和下载

1. 触摸屏编译

全部组态完成后，单击工具条中"编译"，编译的信息会在"输出"中显示，如图1-29所示。如果"输出"窗口没有打开，则通过菜单栏中的"视图"→"输出"打开。

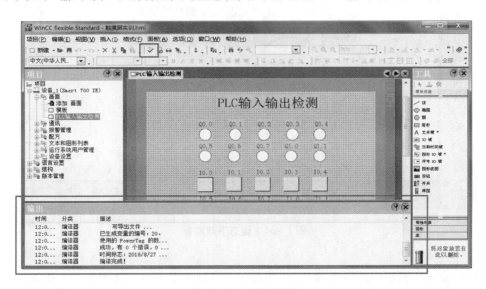

图1-29　组态编译

2. 触摸屏下载

(1)用 USB/PPI 通信电缆连接电脑和触摸屏。

(2)按下实验台 PMT01 电源控制屏上的启动按钮，接通挂件 PAE－41 的电源。

(3)启动触摸屏电源，点击"Transfer"进入等待页面，显示空白传送进度条，如图 1－30、图 1－31 所示。

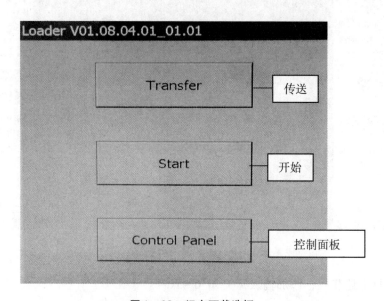

图 1－30　组态下载选择

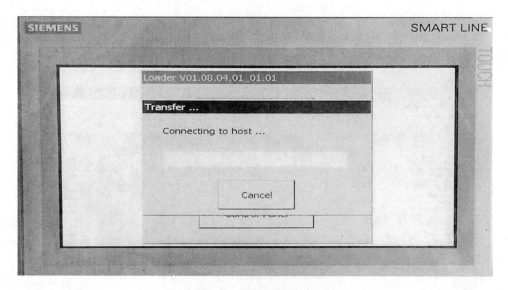

图 1－31　组态下载准备

(4)点击工具栏中的传送 ![icon] ，进入选择设备传送页面，如图 1－32 所示。默认触摸屏设备为"Smart700 IE"，模式选择"RS232/PPI 多主站电缆"，端口选择 COM1，波特率选择最小(115200)。点击"传送",在组态界面和屏幕上均显示动态的传送进度条,下载完成后屏幕上显示组态画面。当触摸屏断电后再次开机如果不选择传送,则延时3s后自动进入组态画面。

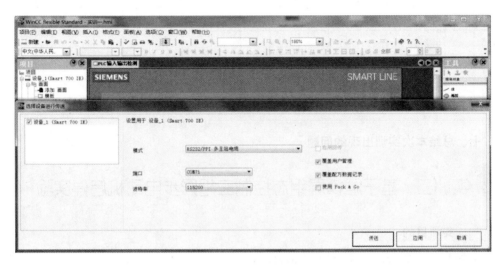

图 1-32 页面传送

(四)运行操作

1. 在触摸屏上分别按下 I0.0 ~ I1.1,观察输出 Q0.0 ~ Q1.1 的现象。

2. 关闭电源,收拾工位。

五、数据记录与处理

根据实验现象,完成数据分析与处理表格(在表格内用 1 和 0 表示亮与灭)

	Q0.0	Q0.1	Q0.2	Q0.3	Q0.4	Q0.5	Q0.6	Q0.7	Q1.0	Q1.1	Q1.2	Q1.3	Q1.4	Q1.5	Q1.6	Q1.7
I0.0																
I0.1																
I0.2																
I0.3																
I0.4																
I0.5																
I0.6																
I0.7																
I1.0																
I1.1																
I1.2																

续　表

	Q0.0	Q0.1	Q0.2	Q0.3	Q0.4	Q0.5	Q0.6	Q0.7	Q1.0	Q1.1	Q1.2	Q1.3	Q1.4	Q1.5	Q1.6	Q1.7
I1.3																
I1.4																
I1.5																
I1.6																
I1.7																

七、总结本次实训出现的问题

实训二　基于触摸屏组态控制三相异步电动机启停实验

一、实训目的

1. 掌握触摸屏与 PLC 之间的通信方式；
2. 掌握三相异步电动机启停的触摸屏组态方法；
3. 掌握在组态画面中设置和添加日期时间域的方法。

二、预备知识

1. 三相异步电动机启停控制线路是电气控制系统的基础，控制电路如图 2 - 1 所示。

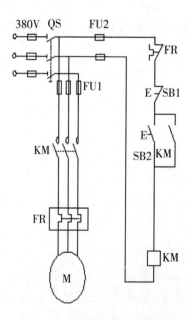

图 2 - 1　三相电动机启停控制电路

开关 QS 是电源总开关。按下启动按钮 SB2 时，KM 吸合，电动机启动并保持运行状态；按下停止按钮 SB1 时，电动机停止。FR 为过热保护。

2. 触摸屏与 PLC、计算机的连接如图 2 – 2 所示。

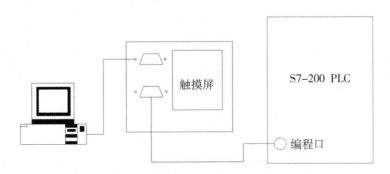

图 2 – 2　触摸屏、PLC、计算机的连接

3. 基于触摸屏组态控制的三相异步电动机启停控制 PLC 参考程序如图 2 –3 所示。

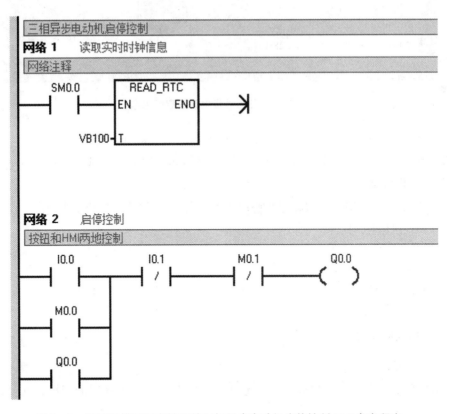

图 2 – 3　基于触摸屏组态控制的三相异步电动机启停控制 PLC 参考程序

触摸屏内部控制输入要用 M 寄存器。I0.0、I0.1 为 PLC 的 2 个输入变量：启动按

钮和停止按钮；M0.0、M0.1 为 HMI 输入的点。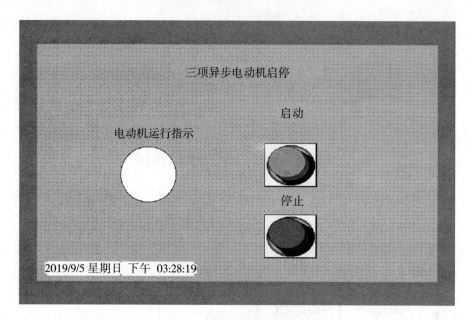 为系统实时时钟信息读取指令，将系统实时时钟信息装入以 VB100 为起始地址的变量存储器中。当触摸屏与 CPU 模块做时钟同步时，以 CPU 模块的时钟为基准。

4. 三相异步电动机启停的触摸屏组态，如图 2-4 所示。

图 2-4　三相异步电动机启停组态

(1)单击启动按钮，电动机运行指示灯变成绿色，表示电动机运行；
(2)单击停止按钮，电动机运行指示灯变成白色，表示电动机停止。

三、实训设备

1. THWPMT-2 型网络型高级维修电工及技师技能实训智能考核装置；
2. PAE-41 实训挂件一个；
3. PLC-S2 实训挂件一个；
4. 电脑一台；
5. USB/PPI 通信编程电缆、RS422/RS485 串口连接电缆各一根；
6. 各种导线若干。

四、实训操作步骤

(一)课前预习

如图 2-2、图 2-3，PLC 的 I/O 地址分配见表 2-1，触摸屏的变量表见表 2-2。

表 2 - 1 PLC 的 I/O 地址分配表

输 入			输 出		
符 号	地 址	注 释	符 号	地 址	注 释
I0. 0	I0. 0	启动	Q0. 0	Q0. 0	LED 灯的亮、灭表示电机的运行与停止
I0. 1	I0. 1	停止			

表 2 - 2 HMI 变量表

输 入			输 出		
名 称	地 址	注 释	名 称	地 址	注 释
启动	M0. 0	启动按钮	电机	Q0. 0	电机运行指示
停止	M0. 1	停止按钮			

(二)安装与接线

1. 在 THWPMT - 2 型网络型高级维修电工及技师技能实训智能考核装置上分别挂上 PAE - 41 实训挂件、PLC - S2 实训挂件,并插上电源。

2. 用导线将 PLC - S2 实训挂件上"基本指令编程练习"模块中外部开关信号 I0. 0、I0. 1、L(+)、M 分别与 S7 - 200 PLC 输入点 I0. 0、I0. 1、公共端 1M 及 L(+)、M 对应连接。

3. 用导线将 PLC - S2 实训挂件上"基本指令编程练习"模块中 Q0. 0 与 S7 - 200 PLC 输出点 Q0. 0、公共端 1L 对应连接。

4. 打开实验台 PMT01 电源控制屏上总电源开关。

(三)输入 PLC 程序

1. 输入图 2 - 2 所示的 PLC 参考程序,进行编译,有错误时根据提示信息修改,直至无误。

2. 输入读实时时钟指令。

选择 PLC 编程软件树型目录"指令"→"时钟"→"READ_ RTC",双击"READ_ RTC",在程序编辑区出现读实时时钟指令盒,输入操作数 VW100 ,如图 2 - 5 所示。

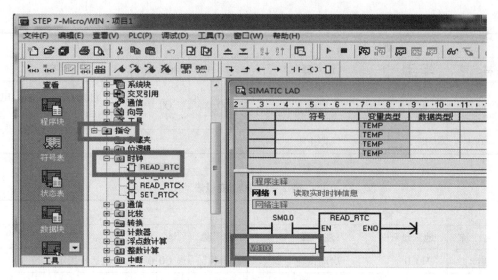

图 2-5　输入读实时时钟指令

3. 用 USB/PPI 通信编程电缆连接计算机串口与 PLC 通信口。

4. 按下实验台 PMT01 电源控制屏上的启动按钮及 PLC-S2 实训挂件上的电源开关，下载程序至 PLC 主机中；

5. 下载完毕后，将 PLC 编程窗口关闭，将 USB/PPI 通信编程电缆从 PLC 通信口上取下，连接到触摸屏通信口，实现计算机与触摸屏的通信。最后将 PLC 的"RUN/STOP"开关拨至"RUN"状态。

(四)组态三相异步电动机启停画面

1. 双击图标　，打开 SIMATIC WinCC flexible 2008 软件，创建一个空项目。

2. 选择 Smart Line/Smart700 IE，并确定。

3. 通过"通信"→"连接"，设置 PLC 与 HMI 的通信连接。注意修改"网络"→"配置参数"为"PPI"；"HMI 设备"→"波特率"为"9600"；

4. 通过"通信"→"变量"，设置 HMI 的变量表，如图 2-6 所示。

名称	连接	数据类型	地址	数组计数	采集周期
电机	连接_1	Bool	Q 0.0	1	100 ms
启动	连接_1	Bool	M 0.0	1	100 ms
停止	连接_1	Bool	M 0.1	1	100 ms

图 2-6　设置变量

5. 将"画面"→"画面 1"，重命名为"三相异步电动机启停"。

6. 添加和设置文本。

（1）打开三相异步电动机启停画面，在右侧工具窗口的"简单对象"中选中"A 文本域"并将其拖入到画面编辑区合适位置，此时画面中出现文本"text"，选中"text"文本域，单击鼠标右键选择"属性"，在下方会出现"文本域"属性编辑窗口，如图 2－7所示。

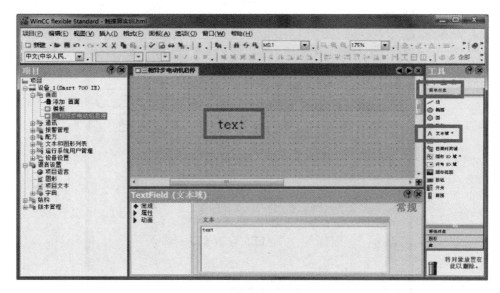

图 2－7　绘制文本域

（2）在"文本域"属性窗口中选择"常规"项，输入汉字"三相异步电动机启停"，如图 2－8 所示。

图 2－8　编辑文本域属性（一）

（3）在"文本域"属性窗口中选择"属性"→"文本"项，可设置对齐方式，单击字体框后的"…"可设置字体样式，将其设为宋体、28 pt、顶部居中，如图 2－9 所示。

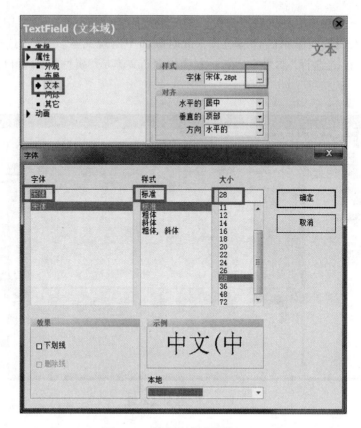

图 2 - 9　编辑文本域属性(二)

(4)设置完成的文本"三相异步电动机启停"如图 2 - 10 所示。

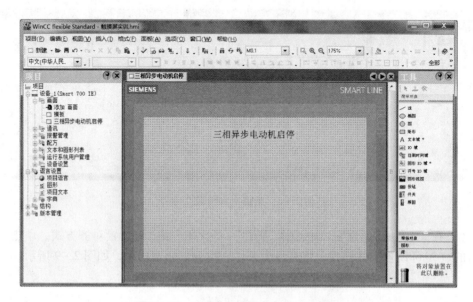

图 2 - 10　文本"三相异步电动机启停"

7. 添加和设置三相异步电动机。

(1)在工具窗口中选择"简单对象"中的"圆",然后在画面编辑区内用鼠标单击,则在画面中出现一个圆,选中"圆"图形,单击鼠标右键选择"属性",在下方打开"圆"的属性编辑窗口。如图 2 - 11 所示。

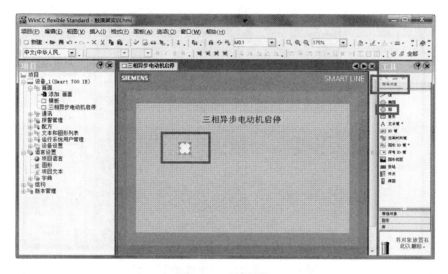

图 2 - 11　绘制圆

(2)在"圆"属性窗口中选择"动画"→"外观",勾选"启用"选项;变量选择"电机";类型选择"位";分别双击右侧第一行(状态为"0"时的状态)和第二行(状态为"1"时的状态),对"前景色""背景色""闪烁"等进行设置。如图 2 - 12 所示。

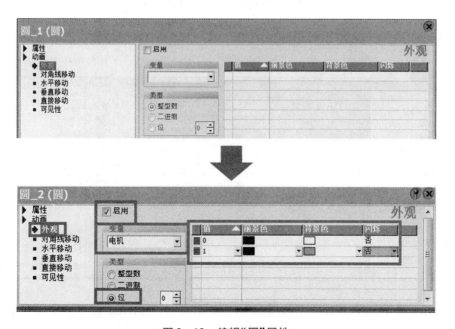

图 2 - 12　编辑"圆"属性

（3）在"圆"的上方放置文本"电机运行指示"，如图 2－13 所示。

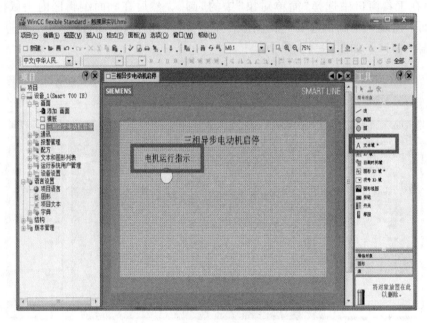

图 2－13   添加文本"电机运行指示"

8. 添加和设置按钮。

（1）在工具窗口的"简单对象"中单击"按钮"，在画面编辑区内单击鼠标画出相应大小的图形，选中"按钮"图形，并分别在上方添加文本域为"启动""停止"；右击选择"属性"，在下方打开"按钮"的属性编辑窗口。如图 2－14 所示。

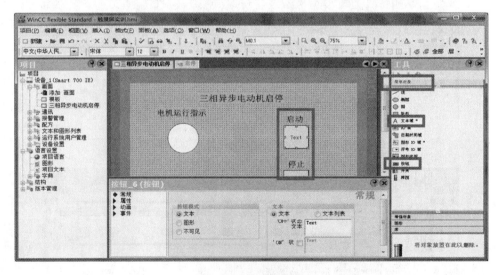

图 2－14   绘制按钮

（2）点击右侧工具窗口中的"图形"→"WinCC flexible 图像文件夹"→"Symbol Facto-

ry Graphics"→"SymbolFactory 16 Colors"→"3 - D Pushbuttons Etc"，选择如图 2 - 15 中
的图形添加到绘图区。

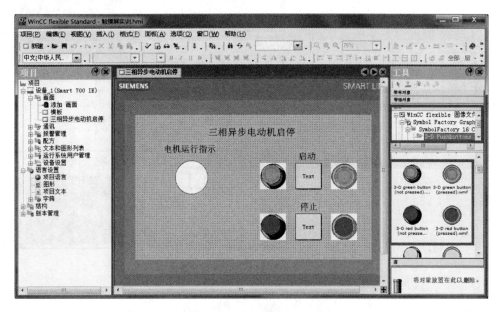

图 2 - 15　编辑按钮属性

（3）在"启动按钮"属性窗口中选择"常规"，按钮模式勾选"图形"选项；图形选项
中"OFF"状态图形后下拉箭头中选择"3 - D green button(not pressed)"，"ON"状态图形
后下拉箭头中选择"3 - D green button(pressed)"，点击设置完成。如图 2 - 16 所示。

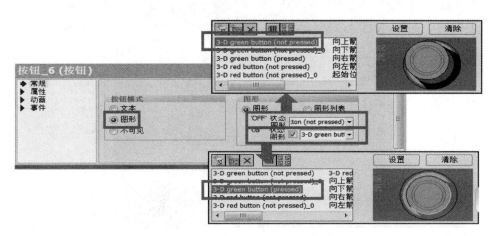

图 2 - 16　编辑启动按钮常规属性

（4）在"停止按钮"属性窗口中选择"常规"，按钮模式勾选"图形"选项；图形选项中
"OFF"状态图形后下拉箭头中选择"3 - D red button(not pressed)"，"ON"状态图形后下拉
箭头中选择"3 - D red button(pressed)"，点击设置完成。如图 2 - 17 所示。

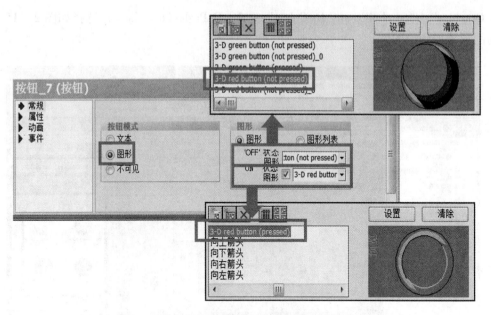

图 2 - 17　编辑停止按钮常规属性

（5）将图形视图 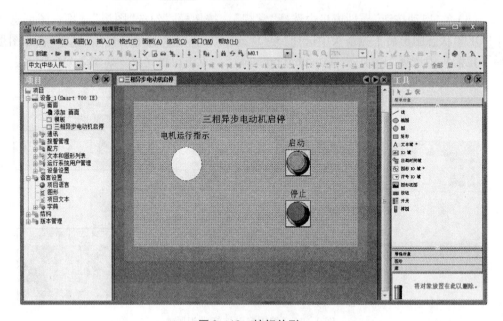 、 、 与 删除，如图 2 - 19 所示。

图 2 - 18　按钮外形

（6）在启动按钮的属性窗口中选择"事件"→"按下"；点击右侧第一行末尾的下拉箭头添加函数，选择编辑位中的"SetBitWhileKeyPressed"（表示点动 I0.0）；点击第二行末尾下拉箭头添加变量为"启动"。如图 2 - 19 所示。

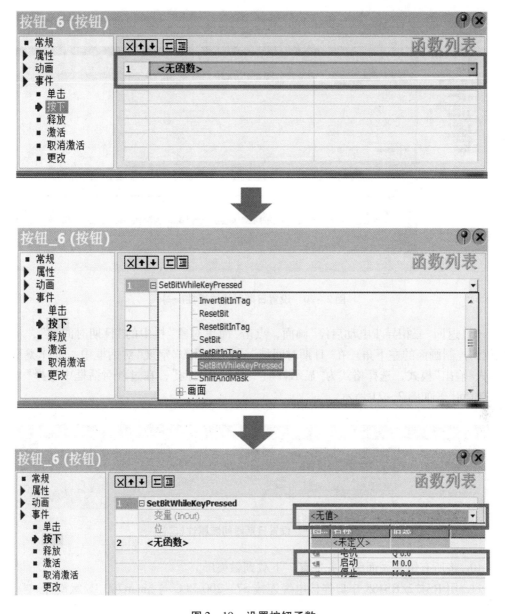

图 2－19　设置按钮函数

（7）按上述步骤设置停止按钮函数，注意"变量"关联为停止。

9. 添加和设置实时时钟。

（1）在 WinCC flexible 项目树中，选择"项目"→"通信"→"连接"，双击"连接"，打开连接编辑器。

（2）单击"区域指针"，单击"日期/时间 PLC"前面的连接列。选择现有的连接"连接_ 1"；选择 PLC 中存储日期时间的 V 存储器起始地址"VW100"；触发方式和采样周期使用默认的"循环连续"和"1 min"。如图 2－20 所示。

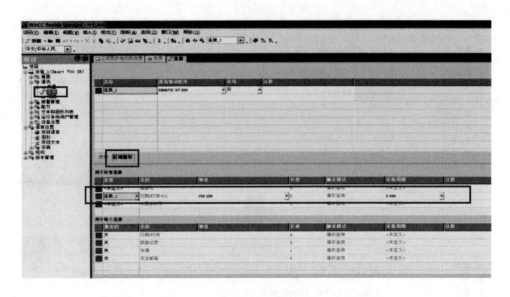

图 2 - 20　设置日期时间域属性(一)

(3)返回"三相异步电动启停"画面,点击"简单对象"栏中的"日期时间域",将其拖放到控制画面的左下角。在"日期时间域"属性视图的"常规"对话框中,选择类型为"输入/输出"模式,选择格式为"显示日期"和"显示时间",在过程对话框中选择"显示系统时间"。如图 2 - 21 所示。

图 2 - 21　设置日期时间域属性(二)

10. 将所有组态画面编译并保存,下载到触摸屏。

11. 用 RS422/RS485 串口连接电缆连接 S7 - 200 PLC 与 Smart700 IE 触摸屏。

(五)运行操作

1. 拨动"基本指令编程练习"模板上的输入开关,观察模板上的输出和触摸屏上的电机运行指示。

2. 在触摸屏上分别单击"启动""停止",观察模板上的输出和触摸屏上电机运行指示。

3. 关闭电源,收拾工位。

五、拓展与思考

使用图 2 - 22 所示的组态,完成与或非逻辑控制,并上机验证。

要求:

（1）组态时 I0.0～I0.4 为按钮，I0.5～I1.1 为开关，"ON"和"OFF"时显示的图形不一样。

（2）与、或功能用开关控制；非功能用按钮控制。

（3）写出能实现用外部开关和触摸屏两地控制的 PLC 程序。

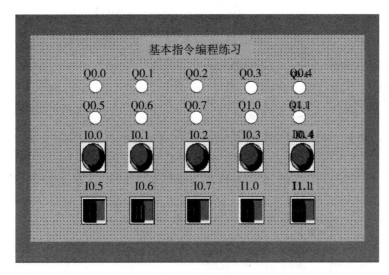

图 2-22　基本指令编程练习

六、总结本次实训出现的问题

实训三　基于触摸屏组态控制三相异步电机正反转实验

一、实训目的

1. 掌握触摸屏与 PLC 之间的通信方式；

2. 掌握 PLC、变频器与三相异步电动机之间的连接；

3. 掌握三相异步电动机正反转的触摸屏组态方法；

4. 掌握实现触摸屏多画面切换的方法。

二、预备知识

1. 在工业生产设备中，常通过电动机正反转来改变运动部件的移动方向，是电气控制系统常用的电路，如图 3-1 所示。

开关 QS 是电源总开关。按下启动正转按钮 SB2，KM1 吸合，电动机正转启动并保持运行状态。按下停止按钮 SB1，电动机停止。按下

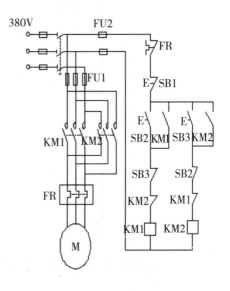

图 3-1　三相电动机正反转控制电路

启动反转按钮 SB3，KM2 吸合，电动机反转启动并保持运行状态。按下停止按钮 SB1，电动机停止。FR 为过热，电动机停止。

2. 基于触摸屏组态控制的三相异步电机正反转外部接线图，如图 3-2 所示。

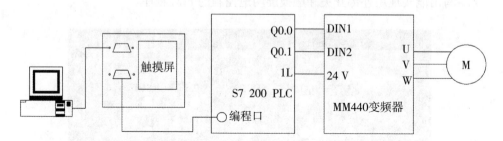

图 3-2　基于触摸屏组态控制的三相异步电机正反转外部接收线图

3. 基于触摸屏组态控制的三相异步电机正反转 PLC 参考程序，如图 3-3 所示。

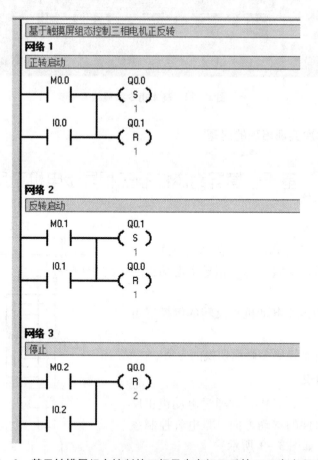

图 3-3　基于触摸屏组态控制的三相异步电机正反转 PLC 参考程序

4. 三相异步电动机正反转触摸屏组态，如图3-4所示。

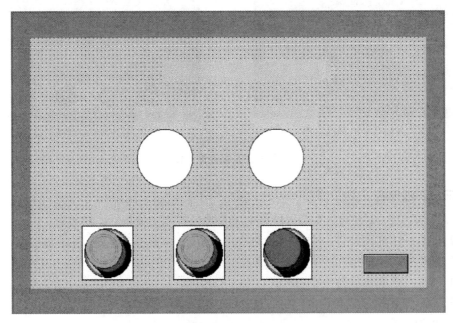

图3-4 三相异步电动机正反转触摸屏组态

（1）单击正转按钮，正转指示灯变成绿色，表示电动机正转运行；
（2）单击正转按钮，反转指示灯变成绿色，表示电动机反转运行；
（3）单击停止按钮，正转、反转指示灯变成白色，表示电动机停止。
5. 触摸屏的多画面切换。

根据控制需要，可以在触摸屏上设置多个画面，如图3-5所示。在"实验选择"画面中，按下"三相异步电动机启停"或"三相异步电动机正反转"按钮，即可进入对应的控制画面；在"三相异步电动机启停"画面或"三相异步电动机正反转"画面中，按下"返回"按钮，即可进入"实验选择"画面。

（a）实验选择

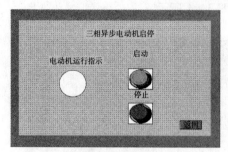

（b）三相异步电动机启停

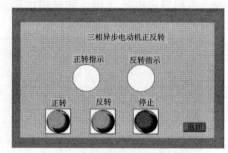

（c）三相异步电动机正反转

图 3-5　多画面切换

三、实训设备

1. THWPMT-2 型网络型高级维修电工及技师技能实训智能考核装置；

2. PAE-41 实训挂件一个；

3. PLC-S2 实训挂件一个；

4. PWJ-23 实训挂件一个；

5. WDJ 三相鼠笼式异步电动机一台；

6. 电脑一台；

7. USB/PPI 通信编程电缆、RS422/RS485 串口连接电缆各一根；

8. 各种导线若干。

四、实训操作步骤

（一）课前预习

根据图 3-2、图 3-3 所示，PLC 的 I/O 地址分配见表 3-1，触摸屏的变量表见表 3-2。

表 3-1　PLC 的 I/O 地址分配表

输　入			输　出		
符　号	地　址	注　释	符　号	地　址	注　释
I0.0	0.0	正转启动	DIN1	Q0.0	电机正转
I0.1	I0.1	反转启动	DIN2	Q0.1	电机反转
I0.3	I0.3	停止			

表 3-2　HMI 变量表

输　入			输　出		
名　称	地　址	注　释	名　称	地　址	注　释
正转	M0.0	正转启动	正转指示	Q0.0	电机正转

续表 3 - 2

输　入			输　出		
名　称	地　址	注　释	名　称	地　址	注　释
反转	M0.1	反转启动	反转指示	Q0.1	电机反转
停止	M0.2	停止			

（二）安装与接线

1. 在 THWPMT - 2 型网络型高级维修电工及技师技能实训智能考核装置上挂上 PAE - 41 实训挂件、PLC - S2 实训挂件及 PWJ - 23 实训挂件，并插上电源。

2. 根据图 3 - 2 完成 PLC、变频器、触摸屏和三相异步电动机的电路连接。

3. 打开实验台 PMT01 电源控制屏上总电源开关。

（三）输入 PLC 程序

1. 输入图 3 - 2 所示的 PLC 参考程序，进行编译，有错误时根据提示信息修改，直至无误。

2. 用 USB/PPI 通信编程电缆连接计算机串口与 PLC 通信口。

3. 按下实验台 PMT01 电源控制屏上的启动按钮，按下 PLC - S2 上的电源开关，下载程序至 PLC 主机中。

4. 下载完毕后，将 PLC 编程窗口关闭，将 USB/PPI 通信编程电缆从 PLC 通信口取下，连接到触摸屏通信口。最后将 PLC 的"RUN/STOP"开关拨至"RUN"状态。

（四）变频器参数设置

1. 恢复出厂设置，以保证变频器的参数恢复到工厂默认值。

设定 P0010 = 30 和 P0970 = 1，按下 P 键，开始复位，时间约 10s。

2. 设置电动机参数，步骤及参数设置如表 3 - 3 所示。

表 3 - 3　电动机参数设置

序　号	变频器参数	出厂值	设定值	功能说明
1	P0304	230	380	电动机的额定电压（380V）
2	P0305	3.25	0.35	电动机的额定电流（0.35A）
3	P0307	0.75	0.06	电动机的额定功率（60W）
4	P0310	50.00	50.00	电动机的额定频率（50Hz）
5	P0311	0	1430	电动机的额定转速（1430r/min）
6	P0700	2	2	选择命令源（由端子排输入）
7	P1000	2	1	用操作面板（BOP）控制频率的升降
8	P1080	0	0	电动机的最小频率（0Hz）

续表 3 - 3

序　号	变频器参数	出厂值	设定值	功能说明
9	P1082	50	50.00	电动机的最大频率(50Hz)
10	P1120	10	10	斜坡上升时间(10s)
11	P1121	10	10	斜坡下降时间(10s)
12	P0701	1	1	ON/OFF(接通正转/停车命令1)
13	P0702	12	2	反转
14	P0703	9	9	OFF3(停车命令3)按斜坡函数曲线快速降速停车

3. 设定 P0010 = 0，变频器准备运行。

(五)组态"三相异步电机正反转"画面

1. 双击图标 ，打开 SIMATIC WinCC flexible 2008 软件创建一个空项目。

2. 选择触摸屏型号 Smart Line/Smart700 IE，并确定。

3. 通过"通信"→"连接"，设置 PLC 与 HMI 的通信连接。注意修改"网络"→"配置参数"为"PPI"；"HMI 设备"→"波特率"为"9600"；

4. 通过"通信"→"变量"，设置 HMI 的变量表。

5. 将"画面"→"画面　1"，重命名为"三相异步电动机正反转"。

6. 绘制"三相异步电动机正反转"画面。

选择右侧工具栏"按钮""文本域"和"圆"，绘制如图 3 - 6 所示的"三相异步电动机正反转"画面。

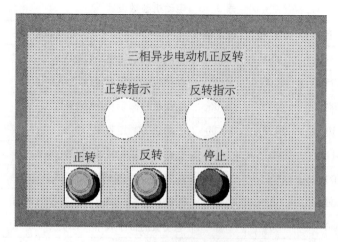

图 3 - 6　三相异步电动机正反转组态界面

7. 添加"三相异步电动机启停"和"实验选择"新画面。

鼠标左键双击左侧项目视图中的"添加画面"，并分别重命名画面名称为"三相异步电动机启停"与"实验选择"。组态"三相异步电动机启停"画面，"实验选择"为空白页面。如图 3 - 7 所示。

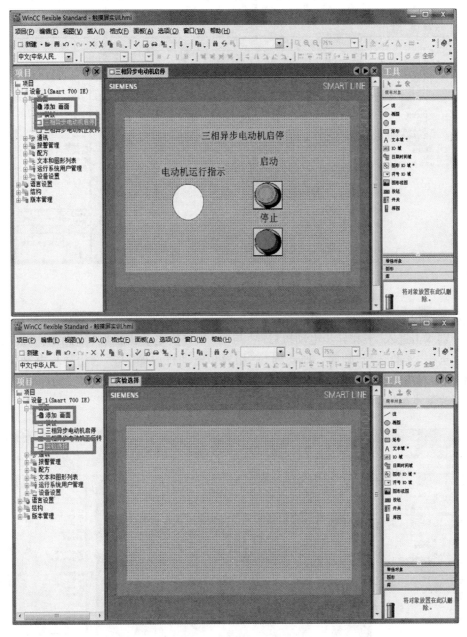

图 3 - 7　添加新画面

8. 组态"实验选择"画面。

双击进入"实验选择"页面，将"三相异步电动机启停"与"三相异步电动机正反转"

拖动到实验选择画面中对应的位置，并放大为适当大小，生成"三相异步电动机启停"与"三相异步电动机正反转"按钮，即为画面切换按钮，如图 3 - 8 所示。可对此按钮属性进行设置。

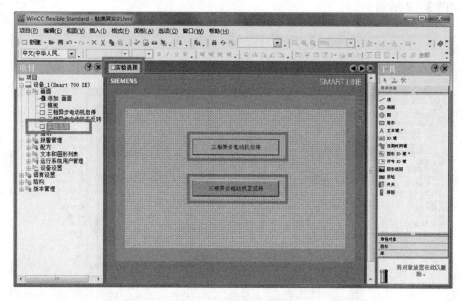

图 3 - 8　设置画面切换

9. 添加并设置"返回"按钮。

分别双击进入"三相异步电动机启停"与"三相异步电动机正反转"画面，在左侧项目树中选中"实验选择"画面，拖动到"三相异步电动机启停"与"三相异步电动机正反转"画面中对应的位置，生成"实验选择"画面切换按钮，并放大到适当大小，双击此按钮，更改文本属性为"返回"。如图 3 - 9 所示。

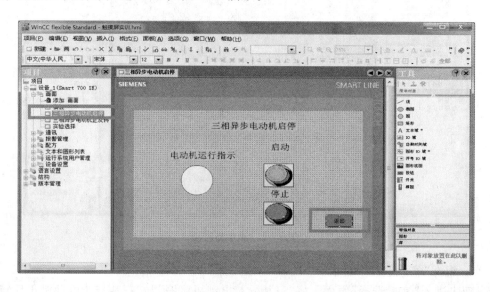

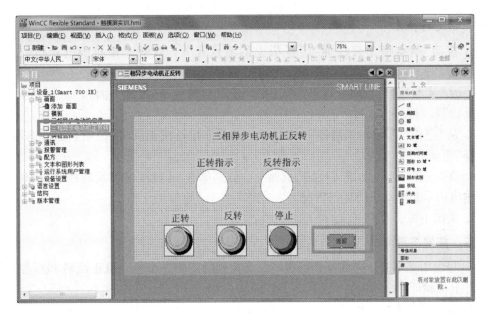

图 3-9　设置返回按钮

10. 将"实验选择"确定为起始画。

选择左侧项目树中"设备设置"→"设备设置"，单击起始画面选项下拉箭头，选择"实验选择"作为起始画面。如图 3-10 所示。

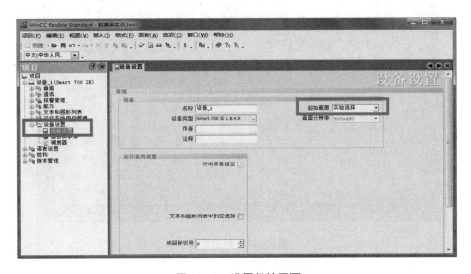

图 3-10　设置起始画面

11. 将所有组态画面编译并保存，按下挂件 PAE-41 上的电源开关，下载组态到触摸屏。

12. 用 RS422/RS485 串口连接电缆连接 S7-200 PLC 与 Smart700 IE 触摸屏。

（六）运行操作

1. 拨动"基本指令编程练习"模板上的输入开关，观察三相异步电动机的运行情况。

2. 从"实验选择"页面分别进入"三相异步电动机启停"控制页面和"三相异步电动机正反转"控制页面。

3. 从"三相异步电动机启停"页面和"三相异步电动机正反转"控制页面，返回"实验选择"页面。

4. 在"三相异步电动机正反转"页面上，分别单击"正转按钮""反转控制"，观察页面上输出指示和电动机的运行情况。

5. 关闭电源，收拾工位。

五、拓展与思考

1. 写出用基本指令完成基于触摸屏组态控制的三相异步电动机正反转 PLC 控制程序，并上机验证。

2. 按下列要求，上机完成。

在本实训中，添加如图 3－11 所示的画面，并重命名为"初始页面"。要求将该页面设置为触摸屏进入的初始页面，点击"进入系统"后，进入"实验选择"。

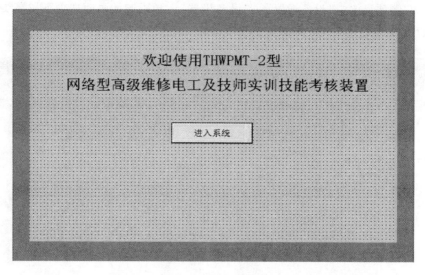

图 3－11　初始页面

六、总结本次实训出现的问题

实训四　基于触摸屏组态控制三相异步电机运行时间实验

一、实训目的

1. 掌握触摸屏与 PLC 之间的通信方式；
2. 掌握 PLC、变频器与三相异步电动机之间的连接；
3. 掌握三相异步电动机运行时间的触摸屏组态方法。

二、预备知识

1. 基于触摸屏组态控制的三相异步电机运行时间的外部接线，如图 4 - 1 所示。

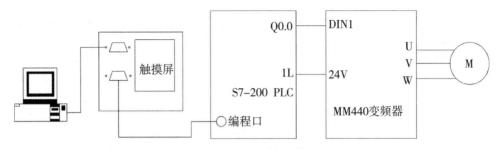

图 4 - 1　基于触摸屏组态控制的三相电动机运行时间的外部接线图

2. 基于触摸屏组态控制的三相电动机运行时间的 PLC 参考程序，如图 4 - 2 所示。

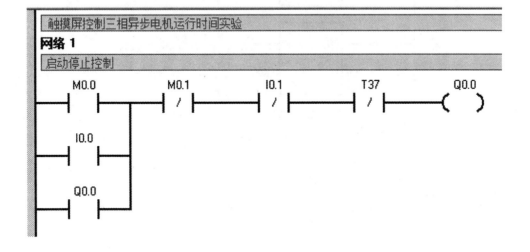

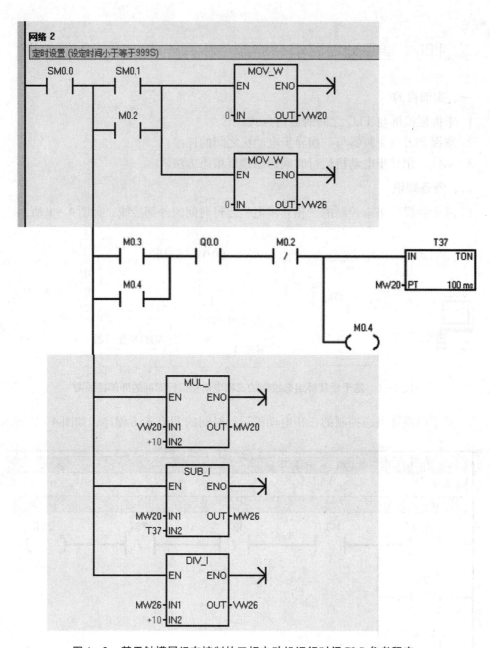

图 4 – 2　基于触摸屏组态控制的三相电动机运行时间 PLC 参考程序

3. 三相异步电动机运行时间触摸屏组态，如图 4 - 3 所示。

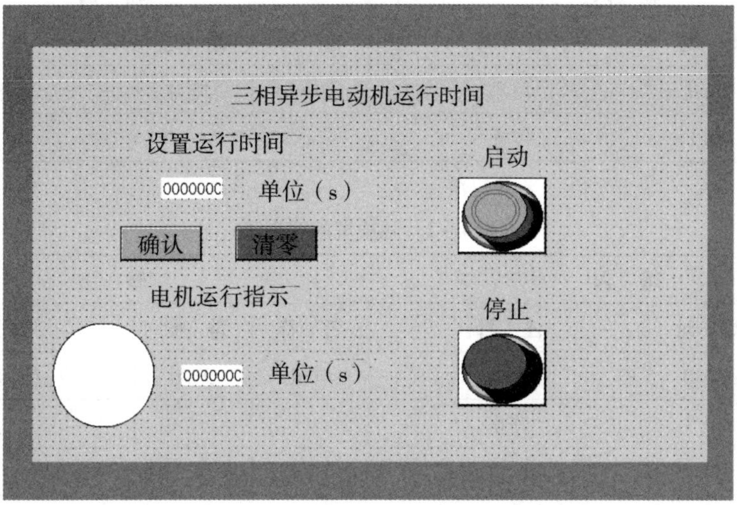

图 4 - 3　三相异步电动机运行时间组态画面

（1）单击"设置运行时间"框，弹出按钮键盘，输入运行时间（小于等于 999 s），单击"确认"按钮，电动机运行时间设置成功；

（2）单击"启动"按钮，控制电动机启动，同时指示电动机运行的指示灯亮；

（3）电机运行指示显示电动机运行倒计时时间，当运行时间完成后，电动机停止运行。

（4）单击"停止"按钮，电动机停止运行。

三、实训设备

1. THWPMT - 2 型网络型高级维修电工及技师技能实训智能考核装置；

2. PAE - 41 实训挂件一个；

3. PLC - S2 实训挂件一个；

4. PWJ - 23 实训挂件一个；

5. WDJ 三相鼠笼式异步电动机一台；

6. 电脑一台；

7. USB/PPI 通信编程电缆、RS422/RS485 串口连接电缆各一根；

8. 各种导线若干。

四、实训操作步骤

（一）课前预习

认真阅读参考程序，PLC 的 I/O 地址分配见表 4 - 1，触摸屏的变量表见表 4 - 2。

表 4 - 1　PLC 的 I/O 地址分配表

输　入			输　出		
符　号	地　址	注　释	符　号	地　址	注　释
I0.0	I0.0	启动	DIN1	Q0.0	电机
I0.1	I0.1	停止			

表 4 - 2　触摸屏的变量表

输　入			输　出		
名　称	地　址	注　释	名　称	地　址	注　释
启动	M0.0	启动	电机	Q0.0	电机运行指示
停止	M0.1	停止			
清零	M0.2	运行时间清0			
确认	M0.3	设置/确认运行时间			

（二）安装与接线

1. 在 THWPMT - 2 型网络型高级维修电工及技师技能实训智能考核装置上挂上 PAE - 41 实训挂件、PLC - S2 实训挂件及 PWJ - 23 实训挂件，并插上电源。

2. 根据图 4 - 1 完成 PLC、变频器、触摸屏和三相异步电动机的电路连接。

3. 打开实验台 PMT01 电源控制屏上的总电源开关。

（三）输入 PLC 程序

1. 输入图 4 - 2 所示的 PLC 参考程序，进行编译，有错误时根据提示信息进行修改，直至无误。

2. 用 USB/PPI 通信编程电缆连接计算机串口与 PLC 通信口。

3. 按下实验台 PMT01 电源控制屏上的启动按钮，按下 PLC - S2 实训挂件上的电源开关，下载程序至 PLC 主机中。

4. 下载完毕后，将 PLC 编程窗口关闭，将 USB/PPI 通信编程电缆从 PLC 通信口取下，连接到触摸屏通信口，最后将 PLC 的"RUN/STOP"开关拨至"RUN"状态。

（四）变频器参数设置

1. 恢复出厂设置，以保证变频器的参数恢复到工厂默认值。
设定 P0010 = 30 和 P0970 = 1，按下 P 键，开始复位，时间约 10s。

2. 设置电动机参数，步骤及参数设置如表 4 - 3 所示。

表 4 - 3　电动机参数设置

序　号	变频器参数	出厂值	设定值	功能说明
1	P0304	230	380	电动机的额定电压（380V）

续表 4 – 3

序　号	变频器参数	出厂值	设定值	功能说明
2	P0305	3.25	0.35	电动机的额定电流(0.35A)
3	P0307	0.75	0.06	电动机的额定功率(60W)
4	P0310	50.00	50.00	电动机的额定频率(50Hz)
5	P0311	0	1430	电动机的额定转速(1430r/min)
6	P0700	2	2	选择命令源(由端子排输入)
7	P1000	2	1	用操作面板(BOP)控制频率的升降
8	P1080	0	0	电动机的最小频率(0Hz)
9	P1082	50	50.00	电动机的最大频率(50Hz)
10	P1120	10	3	斜坡上升时间(3s)
11	P1121	10	3	斜坡下降时间(3s)
12	P0701	1	1	ON/OFF(接通正转/停车命令1)
13	P0703	9	9	OFF3(停车命令3)按斜坡函数曲线快速降速停车

3. 设定 P0010 = 0，变频器准备运行。

(五)组态"三相异步电动机运行时间"画面

1. 双击图标，打开 SIMATIC WinCC flexible 2008 软件，创建一个空项目。

2. 选择触摸屏型号 Smart Line/Smart700 IE，并确定；

3. 通过"通信"→"连接"，设置 PLC 与 HMI 的通信连接。注意修改"网络"→"配置参数"为"PPI"；"HMI 设备"→"波特率"为"9600"；

4. 通过"通信"→"变量"，设置 HMI 的变量表；

5. 将"画面"→"画面1"，重命名为"三相异步电动机正反转"；

6. 绘制"三相异步电动机正运行时间"画面；

(1)选择右侧工具栏"按钮""文本域"和"圆"，绘出如图 4 – 4 所示的"三相异步电动机运行时间"画面。

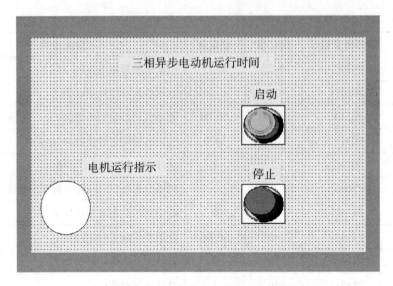

图 4-4 设置"启动"、"停止"按钮和电机运行指示

(2)添加并设置运行时间。

①在工具窗口的"简单对象"中单击"I/O 域",在画面编辑区内单击鼠标画出相应大小的图形,并添加文本域文本"设置运行时间"与"单位(s)"等;选中"I/O 域"图形,右击选择"属性",在下方打开"I/O 域"的属性编辑窗口。如图 4-5 所示。

图 4-5 添加"设置运行时间"

②在"I/O 域"属性窗口中选择"常规",在右侧的类型模式下拉小箭头后选择"输入/输出"选项;过程变量选择"运行时间";格式样式为"999",其他默认。如图 4-6 所示。

图4-6　编辑"设置运行时间"I/O域常规属性

③添加并设置"确认"及"清零"按钮，如图4-7所示。

图4-7　添加"确认"及"清零"按钮

④设置"确认"及"清零"按钮函数，如图4-8所示。

图 4-8　设置"确认"及"清零"按钮函数

⑤在工具窗口的"简单对象"中单击"I/O 域",在画面编辑区内单击鼠标,画出相应大小的图形,并添加文本域文本"单位(s)";选中"I/O 域"图形,单击鼠标右键选择"属性",在下方打开"I/O 域"属性编辑窗口。如图 4-9 所示。

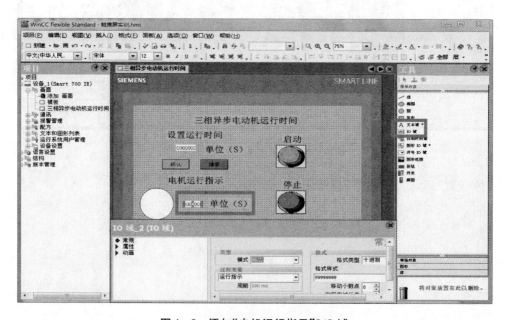

图 4-9　添加"电机运行指示"I/O 域

⑥在"I/O 域"属性窗口中选择"常规",在右侧的类型模式下拉小箭头后选择"输出"选项;过程变量选择"运行指示";格式样式为"999",其他默认。如图 4-10 所示。

图 4 – 10　编辑"电机运行指示"I/O 域常规属性

7. 将所有组态画面编译并保存，按下 PWJ – 23 实训挂件上的电源开关，下载组态到触摸屏。

8. 用 RS422/RS485 串口连接电缆连接 S7 – 200 PLC 与 Smart700 IE 触摸屏。

（六）运行操作

1. 拨动"基本指令编程练习"模板上的输入开关，观察三相异步电动机的运行情况。

2. 单击触摸屏上的"设置运行时间"框，弹出按钮键盘，输入运行时间（小于等于 999s），单击"确认"按钮，设置电机运行时间。

3. 分别单击触摸屏上的"启动"按钮和"停止"按钮，控制电机的启停，观察电动机运行情况及电机运行指示显示时间。

4. 关闭电源，收拾工位。

五、拓展与思考

1. 认真阅读参考程序，分别画出网络 2 中 6 个指令盒，并说明它们的功能以及在本实训中的作用各是什么。

2. 在本实训的组态界面中添加 T37 的当前值的显示。

（1）写出 PLC 控制程序。

（2）画出组态画面，并上机验证。

六、总结本次实训出现的问题

实训五　基于触摸屏组态控制电动机调速实验

一、实训目的

1. 掌握触摸屏与 PLC 之间的通信方式；

2. 掌握 PLC、变频器与三相异步电动机之间的连接；

3. 掌握触摸屏和变频器的综合应用。

二、预备知识

1. 基于触摸屏组态控制的电动机调速外部接线，如图 5 – 1 所示。

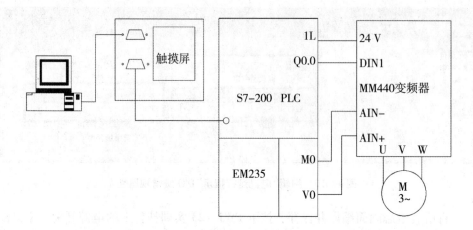

图 5 - 1 基于触摸屏组态控制的电动机调速外部接线图

2. 基于触摸屏组态控制的电动机变频调速 PLC 参考程序，如图 5 - 2 所示。

触摸屏控制电机调速

网络 1

启动停止控制
I0.0/M0.0为启动按钮
I0.1/M0.1为停止按钮
Q0.0为变频器启停控制

```
      M0.0          M0.1          I0.1          Q0.0
      ┤├─────┬──────┤/├──────────┤/├──────────( )
                │
      I0.0      │
      ┤├────────┤
                │
      Q0.0      │
      ┤├────────┘
```

网络 2

停止模拟量输出

```
      SM0.1                   MOV_W
      ┤├─────┬──────────────┌────────┐
             │              │EN   ENO├──────→
      I0.1   │              │        │
      ┤├─────┤          +0──┤IN   OUT├─AC0
             │              └────────┘
      M0.1   │
      ┤├─────┘
```

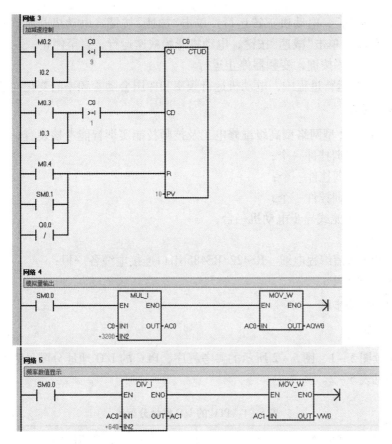

图 5 - 2　基于触摸屏组态控制的电动机变频调速 PLC 参考程序

3. 三相异步电动机变频调速组态，如图 5 - 3 所示。

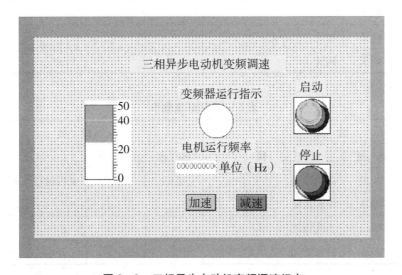

图 5 - 3　三相异步电动机变频调速组态

（1）单击"启动"，电动机正转运行；单击"加速"按键，电动机开始加速运行，直至最高频率 50Hz；单击"减速"按键，电动机开始减速运行，直至停止。

（2）单击"停止"按键，变频器停止运行。

（3）在电动机运行过程中，电动机运行频率和棒图会随着频率的变化而改变。

三、实训设备

1. THWPMT - 2 型网络型高级维修电工及技师技能实训智能考核装置；

2. PAE - 41 实训挂件一个；

3. PLC - S2 实训挂件一个；

4. PWJ - 23 实训挂件一个；

5. WDJ 三相鼠笼式异步电动机一台；

6. 电脑一台；

7. USB/PPI 通信编程电缆、RS422/RS485 串口连接电缆各一根；

8. 各种导线若干。

四、实训操作步骤

（一）课前预习

认真阅读图 5 - 1、图 5 - 2 所示的参考程序，PLC 的 I/O 地址分配见表 5 - 1，触摸屏的变量表见表 5 - 2。

表 5 - 1　PLC 的 I/O 地址分配表

输　入			输　出		
符　号	地　址	注　释	符　号	地　址	注　释
I0.0	I0.0	启动	DIN1	Q0.0	电机
I0.1	I0.1	停止			
I0.2	I0.2	加速			
I0.3	I0.3	减速			

表 5 - 2　HMI 变量表

输　入			输　出		
名　称	地　址	注　释	名　称	地　址	注　释
启动	M0.0	启动按钮	电机	Q0.0	电机运行指示
停止	M0.1	停止按钮			
加速	M0.2	加速按钮			
减速	M0.3	减速按钮			

（二）安装与接线

1. 在 THWPMT － 2 型网络型高级维修电工及技师技能实训智能考核装置上挂上 PAE － 41 实训挂件、PLC － S2 实训挂件及 PWJ － 23 实训挂件，并插上电源。

2. 根据图 5 － 1 完成 PLC、变频器、触摸屏和三相异步电动机的电路连接。

3. 打开实验台 PMT01 电源控制屏上的总电源开关。

（三）输入 PLC 程序

1. 输入图 5 － 2 所示的 PLC 参考程序，进行编译，有错误时根据提示信息进行修改，直至无误。

2. 用 USB/PPI 通信编程电缆连接计算机串口与 PLC 通信口。

3. 按下实验台 PMT01 电源控制屏上的启动按钮，按下 PLC － S2 实训挂件上的电源开关，下载程序至 PLC 主机中；

4. 下载完毕后，将 PLC 编程窗口关闭，将 USB/PPI 通信编程电缆从 PLC 通信口取下，连接到触摸屏通信口。最后将 PLC 的"RUN/STOP"开关拨至"RUN"状态。

（四）变频器参数设置

设置电动机参数，步骤及参数设置如表 5 － 3 所示。

表 5 － 3　电动机参数设置

序　号	参数代码	设置值	说　明
1	P0010	30	调出出厂设置参数
2	P0970	1	恢复出厂值
3	P0003	3	参数访问级
4	P0004	0	参数过滤器
5	P0010	1	快速调试
6	P0100	0	工频选择
7	P0304	380	电动机的额定电压
8	P0305	0.3	电动机的额定电流
9	P0307	0.1	电动机的额定功率
10	P0310	50	电动机的额定频率
11	P0311	1420	电动机的额定速度
12	P0700	2	选择命令源（外部端子控制）
13	P0701	1	
14	P1000	2	选择频率设定值
15	P1080	0	电动机最小频率
16	P1082	50.00	电动机最大频率

续表 5 - 3

序　号	参数代码	设置值	说　明
17	P1120	2.00	斜坡上升时间
18	P1121	2.00	斜坡下降时间
19	P3900	1	结束快速调试
20	P0010	0	变频器准备运行

(五)组态"三相异步电动机变频调速"画面

1. 双击图标　，打开 SIMATIC WinCC flexible 2008 软件，创建一个空项目。

2. 选择触摸屏型号 Smart Line/Smart700 IE，并确定。

3. 通过"通信"→"连接"，设置 PLC 与 HMI 的通信连接。注意修改"网络"→"配置参数"为"PPI"；"HMI 设备"→"波特率"为"9600"。

4. 通过"通信"→"变量"，设置 HMI 的变量表。

5. 将"画面"→"画面 1"，重命名为"三相异步电动机变频调速"。

6. 添加并设置"启动""停止"按钮和"电动机运行指示"。

选择右侧工具栏"按钮""文本域"和"圆"，绘出如图 5 - 4 所示的"三相异步电动机变频调速"组态界面。

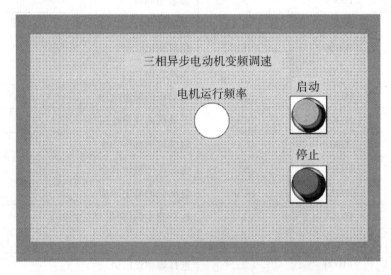

图 5 - 4　设置"启动""停止"按钮和"电动机运行指示"

7. 添加和设置"I/O 域"。

(1)在工具窗口的"简单对象"中单击"I/O 域"，在画面编辑区内单鼠标，画出相

应大小的图形，并添加文本域文本"电机运行频率"与"单位（Hz）"等；选中"I/O 域"图形，单击鼠标右链选择"属性"，在下方打开"I/O 域"属性编辑窗口。如图 5 - 5 所示。

图 5 - 5　添加"电机运行频率"

（2）在"I/O 域"属性窗口中选择"常规"，在右侧的类型模式下拉小箭头后选择"输出"选项；过程变量选择"VW1"，其他默认。如图 5 - 6 所示。

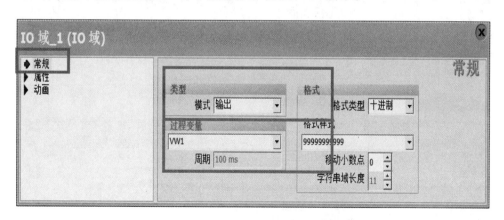

图 5 - 6　编辑"电动机运行频率"I/O 域常规属性

8. 添加"加速"及"减速"按钮，如图 5 - 7 所示。

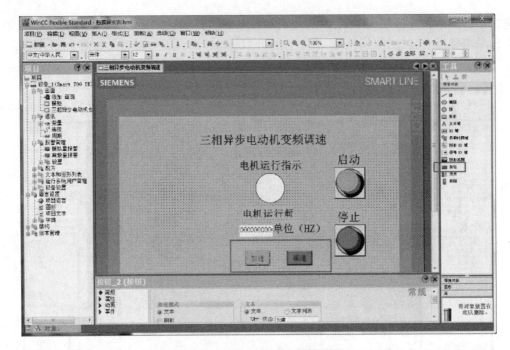

图 5-7   添加"加速""减速"按钮

9. 设置"加速"及"减速"事件属性，如图 5-8 所示。

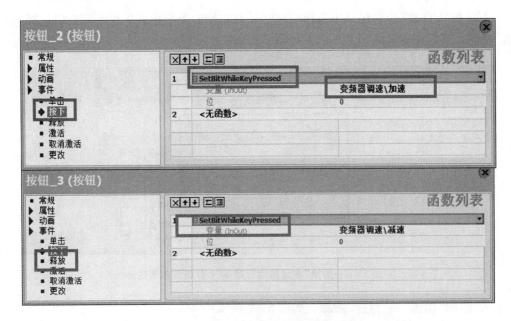

图 5-8   设置"加速""减速"事件密性

10. 添加和设置棒图。

(1) 在工具窗口的"简单对象"中单击"棒图"，在画面编辑区内单击鼠标，画出相应大小的图形；选中"棒图"图形，单击鼠标右键选择"属性"，在下方打开"棒图"属性编辑窗口；如图 5 - 9 所示。

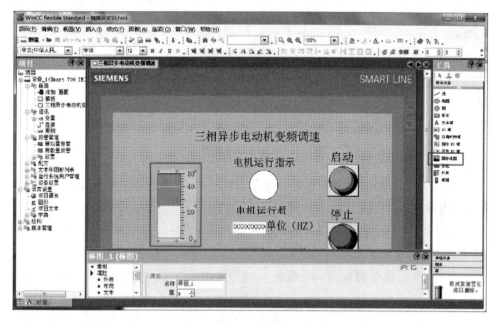

图 5 - 9　添加"棒图"

（2）在"棒图"属性窗口中选择"常规"，在右侧的刻度选项中，最大值为"50"；过程值选择变量"VW1"；最小值为"0"，其他默认。如图 5 - 10 所示。

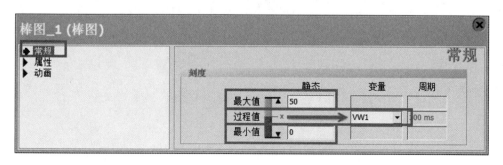

图 5 - 10　编辑棒图属性（一）

（3）在"棒图"属性窗口中选择"属性"，在右侧的颜色选项中，前景色设为黄色，其他默认。如图 5 - 11 所示。

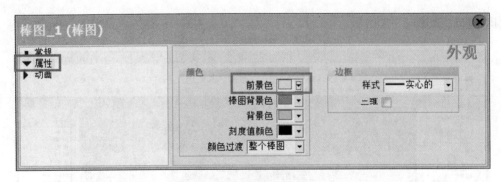

图 5 – 11　编辑棒图属性（二）

11. 将所有组态画面编译并保存，按下 PAE – 41 实训挂件上的电源开关，将组态下载到触摸屏。

12. 用 RS422/RS485 串口连接电缆连接 S7 – 200 PLC 与 Smart700 IE 触摸屏。

（六）运行操作

1. 拨动"基本指令编程练习"模板上的输入开关，观察三相异步电动机的运行情况。

2. 单击触摸屏上"启动""加速""减速"和"停止"按钮，观察电动机的运行情况及运行频率显示的变化。

3. 关闭电源，收拾工位。

五、总结本次实训出现的问题

附　　录

附录一　S7-200 PLC 常见指令表

类　型	指　令 名　称		梯形图	语句表	功　能
基本逻辑指令	取非指令		──┤NOT├──	NOT	对存储器位的取非操作，用来改变能量流的状态
	空操作指令		N ──┤NOP├──	NOP　N	起增加程序容量的作用
	置位指令		S-bit ──(S) 　　N	S　S-bit, N	从 S-bit 开始的 N 个元素 1 并保持
	复位指令		S-bit ──(R) 　　N	R　S-bit, N	从 S-bit 开始的 N 个元素 0 并保持
	双稳态触发器	设置主双稳态触发器	??.? ┌─S1　OUT─ │　SR └─R		置位优先。如果设置(S1)和复原(R)信号均为真实，则输出(OUT)为真实
		复原主双稳态触发器	??.? ┌─S　OUT─ │　RS └─R1		复位优先。如果设置(S1)和复原(R)信号均为真实，则输出(OUT)为虚假
	边沿触发指令	正跳变触发	──┤P├──	EU	输入脉冲的上升沿，使触点 ON 一个扫描周期
		负跳变触发	──┤N├──	ED	输入脉冲的下降沿，使触点 ON 一个扫描周期

续　表

类　型	指　令名　称		梯形图	语句表	功　能
基本逻辑指令	定时器	通电延时	IN TON ???? ????-PT	TON	使能端(IN)有效时,当前值从0开始递增,大于、等于预置值(PT)时,状态位置1。当前值的最大值为32767。使能端无效(断开)时,定时器复位(当前值清0,输出状态位置0)
		有记忆通电延时	IN TONR ???? ????-PT	TONR	使能端(IN)输入有效时,当前值递增,大于、等于预置值PT时,输出状态位置1。使能端无效时,当前值保持,使能端(IN)再次有效时,在原记忆值的基础上递增计时。复位线圈(R)有效时,当前值清0,状态位置0
		断电延时	IN TOF ???? ????-PT	TOF	使能端(IN)输入有效时,输出状态位置1,当前值清0。使能端(IN)断开时,当前值从0递增,当前值达到预置值时,状态位置0,并停止计时,当前值保持
	计数器	增计数器	CU CTU ???? R ????-PV	CTU	CU端输入脉冲上升沿,当前值增1计数,大于、等于预置值(PV)时,状态位置1。当前值累加的最大值为32767。复位输入(R)有效时,计数器状态位清0,当前计数值清0

续　表

类　型	指　令 名　称		梯形图	语句表	功　能
基 本 逻 辑 指 令	计 数 器	减计数器	???? CD　CTD LD ????PV	CTD	装载输入(LD)有效时,预置值(PV)装入当前值存储器,计数器状态位清0。CD端每一个输入脉冲上升沿,减计数器的当前值从预置值开始递减计数,当前值等于0时,状态位置1,并停止计数
		增/减计数器	???? CU　CTUD CD R ????PV	CTUD	CU输入端用于递增计数,CD输入端用于递减计数,指令执行时,计数脉冲的上升沿当前值增1/减1计数 当前值大于、等于预置值(PV)时,状态位置1。复位输入(R)有效或执行复位指令时,状态位清0,当前值清0 达到最大值32767后,下一个CU输入上升沿将使计数值变为最小值(-32678)。同样达到最小值(-32678)后,下一个CD输入上升沿将使计数值变为最大值(32767)
	比较指令		IN1 ==B IN2	LDB = IN1，IN2 AB = IN1，IN2 OB = IN1，IN2	两个操作数 IN1 和 IN2(字节、整数、双字、实数)按一定条件(= = 、< = 、> = 、<、>、< >)比较
算 术 运 算 指 令	加运算		ADD_I EN　ENO ????IN1　OUT???? ????IN2	+I IN1，IN2，OUT	IN1 + IN2 = OUT
	减运算		SUB_I EN　ENO ????IN1　OUT???? ????IN2	-I IN1，IN2，OUT	IN1 - IN2 = OUT

续　表

类　型	指　令名　称	梯形图	语句表	功　能
算术运算指令	乘运算	MUL_I EN　ENO ????-IN1　OUT-???? ????-IN2	*I IN1，IN2，OUT	IN1 * IN2 = OUT
	除运算	DIV_I EN　ENO ????-IN1　OUT-???? ????-IN2	/I IN1，IN2，OUT	IN1/IN2 = OUT
逻辑运算指令	逻辑与指令	WAND_B EN　ENO ????-IN1　OUT-???? ????-IN2	ANDB IN1，IN2，OUT	使能输入有效时，把两个字节（字、双字）的输入数据按位相与，得到一个字节（字、双字）逻辑运算结果，送到 OUT 指定存储器单元输出
	逻辑或指令	WOR_B EN　ENO ????-IN1　OUT-???? ????-IN2	ORB IN1，IN2，OUT	使能输入有效时，把两个字节（字、双字）的输入数据按位相或，得到一个字节（字、双字）逻辑运算结果，送到 OUT 指定存储器单元输出
	逻辑异或指令	WXOR_B EN　ENO ????-IN1　OUT-???? ????-IN2	XOR IN1，IN2，OUT	使能输入有效时，把两个字节（字、双字）的输入数据按位异或，得到一个字节（字、双字）逻辑运算结果，送到 OUT 指定存储器单元输出
	逻辑取反指令	INV_B EN　ENO ????-IN　OUT-????	INVB IN，OUT	使能输入有效时，把两个字节（字、双字）的输入数据按位取反，得到一个字节（字、双字）逻辑运算结果，送到 OUT 指定存储器单元输出

续　表

类　型	指　令 名　称		梯形图	语句表	功　能
数据处理指令	数据传送	单数据传送	MOV_B EN ENO ???? IN OUT ????	MOVB IN，OUT	使能输入(EN)有效时，把一个输入(IN)单字节无符号数、单字长或双字长符号数送到OUT指定的存储器单元输出。数据类型为 B、W、DW
		数据块传送	BLKMOV_B EN ENO ???? IN OUT ???? ???? N	BMB IN，OUT，N	使能输入(EN)有效时，把从输入(IN)字节/字/双字的数据传送到以输出字节/字/双字(OUT)开始的 N 个字节/字/双字的存储区中
	字节交换指令		SWAP EN ENO ???? IN	SWAP IN	使能输入(EN)有效时，将输入字(IN)的高、低字节交换的结果存到(IN)指定的存储器单元
	存储器填充指令		FILL_N EN ENO ???? IN OUT ???? ???? N	FILL IN，OUT，N	用于存储器区域的填充
	移位指令	左移位指令	SHL_B EN ENO ???? IN OUT ???? ???? N	SLD OUT，N	使能输入有效时，将 IN 端输入字节、字或双字长的数据左移 N 位后(右端补0)，将结果输出到 OUT 所指定的存储器单元中，最后一次移出位保存在 SM1.1 中
		右移位指令	SHR_B EN ENO ???? IN OUT ???? ???? N	SRD OUT，N	使能输入有效时，将 IN 端输入字节、字或双字长的数据右移 N 位后，将结果输出到 OUT 所指定的存储器单元中，最后一次移出位保存在 SM1.1 中

续 表

类 型	指 令 名 称		梯形图	语句表	功 能
数据处理指令	移位指令	循环左移位指令	ROL_B	RLD OUT, N	使能输入有效时，将 IN 端输入字节、字或双字长的数据循环左移 N 位后，将结果输出到 OUT 所指定的存储器单元中，最后一次移出位保存在 SM1.1 中
		循环右移位指令	ROR_B	RRD OUT, N	使能输入有效时，将 IN 端输入字节、字或双字长的数据循环右移 N 位后，将结果输出到 OUT 所指定的存储器单元中，最后一次移出位保存在 SM1.1 中
		寄存器移位指令	SHRB	SHRB DATA, S_BIT, N	每次使能有效时，整个移位寄存器移动 1 位
程序控制类指令	系统控制类指令	暂停指令	—(STOP)	STOP	暂停指令
		结束指令	—(END)	END	条件或无条件结束指令
		看门狗复位指令	—(WDR)	WDR	使能有效时，将看门狗定时器复位
	程序跳转指令	跳转指令	n —(JMP)	JMP n	跳转指令(JMP)和跳转地址标号指令(LBL)配合实现程序跳转。使能输入有效时，程序跳转到指定标号 n 处执行(在同一程序内)，跳转标号 n=0~255。使能输入无效时，程序顺序执行
		跳转标号	n LBL	LBL n	

续　表

类　型	指　令 名　称		梯形图	语句表	功　能
程序控制类指令	循环控制指令	循环开始		FOR INDX, INIT, FINAL	使能输入有效时，循环体开始执行，执行到 NEXT 指令时返回，每执行一次循环体，当前计数器（INDX）增 1，达到终值（FINAL）时，循环结束
		循环结束	——(NEXT)	NEXT	
	子程序调用指令			CALL SBR0	子程序调用
			——(RET)	CRET RET	子程序条件返回 自动生成无条件返回
	顺序控制指令			LSCR S	步开始
			——(SCRT)	SCRT	步转移
			——(SCRE)	SCRE	步结束
功能指令	表功能指令	填表指令		ATT DATA, TBL	使能输入有效时，将 DATA 指定的数据添加到表格 TBL 最后一个数据的后面，EC 值增 1
		表取数指令		FIFO TABLE, DATA	当功能端输入有效时，从 TBL 指明的表中取出第一个数据（字型），剩余数据依次上移一个位置，并将该数据输出到 DATA
				LIFO TABLE, DATA	当功能端输入有效时，从 TBL 指明的表中取出最后一个数据，剩余数据位置不变，并将该数据输出到 DATA

续　表

类　型	指　令名　称		梯形图	语句表	功　能
功能指令	表功能指令	表查找指令	TBL_FIND	FND = TBL，PTN，INDEX FND < > TBL，PTN，INDEX FND < TBL，PTN，INDEX FND > TBL，PNT，INDEX	使能输入有效时，从 INDX 开始搜索表 TBL，找到符合条件 PTN 和 CMD 所决定的数据
	数据的类型转换	BCD 码与整数之间的转换	BCD_I	BCDI IN，OUT	使能输入有效时，将 BCD 码输入数据 IN 转换成字整数类型，并将结果送到 OUT 输出
			I_BCD	IBCD IN，OUT	使能输入有效时，将字整数输入数据 IN 转换成 BCD 码类型，并将结果送到 OUT 输出
		字节与整数之间的转换	I_B	ITB IN，OUT	使能输入有效时，将整数（IN 端）转换成字节类型，并将结果送到 OUT 输出
			B_I	BTI IN，OUT	使能输入有效时，将字节型数据（IN 端）转换成整数，并将结果送到 OUT 输出
		整数与双整数之间的转换	DI_I	DTI IN，OUT	使能输入有效时，将双整数（IN 端）转换成整数，并将结果送到 OUT 输出
			I_DI	ITD IN，OUT	使能输入有效时，将整数（IN 端）转换成双整数，并将结果送到 OUT 输出
		双整数与实数之间的转换	ROUND	ROUND IN，OUT	使能输入有效时，将实数型输入数据（IN 端）转换成双整数，并将结果送到 OUT 输出

续　表

类　型	指　令 名　称		梯形图	语句表	功　能
功能指令	数据的类型转换	双整数与实数之间的转换	TRUNC EN ENO ???? IN OUT ????	TRUNC IN，OUT	使能输入有效时，将 32 位实数转换成 32 位有符号整数输出，并将结果送到 OUT 输出
			DI_R EN ENO IN OUT	DTR IN，OUT	使能输入有效时，将双整数输入数据转换成实数，并将结果送到 OUT 输出
	数据的编码和译码指令	编码指令	ENCO EN ENO ???? IN OUT ????	ENCO IN，OUT	使能输入有效时，将字型输入数据 IN 最低有效位(值为 1 的位)的位号送到 OUT 所指定的字节单元的低 4 位
		译码指令	DECO EN ENO ???? IN OUT ????	DECO IN，OUT	使能输入有效时，按字节型输入数据的低 4 位所表示的位号，使 OUT 所指定字单元的对应位置 1，其他位复 0
		7 段显示译码指令	SEG EN ENO ???? IN OUT ????	SEG IN，OUT	使能输入有效时，按字节型输入数据的低 4 位有效数字产生相应的 7 段显示码，并将其输出到 OUT 指定的单元
	字符串转换指令		ATH EN ENO ???? IN OUT ???? ???? LEN	ATH IN，OUT，LEN	使能有效时，把从 IN 字符开始、长度为 LEN 的 ASCII 码字符串转换成从 OUT 开始的十六进制数
			ITA EN ENO ???? IN OUT ???? ???? FMT	ITA IN，OUT，FMT	使能输入有效时，把输入端(IN)的整数转换成一个 ASCII 码字符串
			HTA EN ENO ??? IN OUT ???? ??? LEN	HTA IN，OUT，LEN	使能有效时，把从 IN 字符开始、长度为 LEN 的十六进制数转换成从 OUT 开始的 ASCII 码字符串

续　表

类　型	指　令 名　称	梯形图	语句表	功　能
功 能 指 令	字符串转换指令	DTA EN ENO ????-IN OUT-???? ????-FMT	DTA IN，OUT，FMT	使能输入有效时，把输入端（IN）的双字整数转换成一个 ASCII 码字符串
		RTA EN ENO ????-IN OUT-???? ????-FMT	RTA IN，OUT，FMT	使能输入有效时，把输入端（IN）的实数转换成一个 ASCII 码字符串
	中 断 控 制 指 令 · 开中断	─（ ENI ）	ENI	使能输入有效时，全局地允许所有中断事件中断
	关中断	─（ DISI ）	DISI	使能输入有效时，全局地关闭所有被连接的中断事件
	中断连接	ATCH EN ENO ????-INT ????-EVNT	ATCH INT，EVNT	使能输入有效时，把一个中断事件 EVNT 和一个中断程序 INT 联系起来，并允许这一中断事件
	中断分离	DTCH EN ENO ????-EVNT	DTCH EVNT	使能输入有效时，切断一个中断事件和所有中断程序的联系，并禁止该中断事件
	高 速 处 理 指 令 · 高速计数定义指令	HDEF EN ENO ????-HSC ????-MODE	HDEF HSC，MODE	使能输入有效时，为指定的高速计数器分配工作模式
	启动高速计数器	HSC EN ENO ????-N	HSC N	使能输入有效时，根据高速计数器特殊存储器位的状态，按照 HDEF 指令指定的模式，设置高速计数器并控制其工作
	脉冲输出指令	PLS EN ENO ????-Q0.X	PLS Q	使能端输入有效时，检测用程序设置的特殊功能寄存器位，激活由控制位定义的脉冲操作。从 Q0.0 或 Q0.1 输出高速脉冲

续　表

类　型	指　令名　称		梯形图	语句表	功　能
功能指令	时钟指令	读实时时钟	READ_RTC EN ENO ????-T	TOD R T	当使能端输入有效时，读取系统当前时间和日期，并把它安装到一个8字节缓冲区
		写实时时钟	SET_RTC EN ENO ????-T	TOD W T	当使能端输入有效时，系统将包含当前时间、日期的数据写入8字节的缓冲区，装入时钟
	通信指令		XMT EN ENO ????-TBL ????-PORT	XMT TBL, PORT	自由口发送
			RCV EN ENO ????-TBL ????-PORT	RCV TBL, PORT	自由口接受
			NETR EN ENO ????-TBL ????-PORT	NETR TBL, PORT	网络读
			NETW EN ENO ????-TBL ????-PORT	NETW TBL, PORT	网络写
			GET_ADDR EN ENO ????-ADDR ????-PORT	GET ADDR, PORT	获取口地址
			SET_ADDR EN ENO ????-ADDR ????-PORT	SET ADDR, PORT	设定口地址
	PID指令		PID EN ENO ????-TBL ????-LOOP	PID TBL, IOOP	PID回路控制指令运用回路表中的输入和组态信息，进行PID运算 TBL：用VB指定回路控制参数表的起始地址；LOOP指定回路数（0～7）

附录二 S7 - 200 PLC 技术指标

特 性	CPU 221	CPU 222	CPU 224	CPU 224XP	CPU 226
外形尺寸/mm	90×80×62	90×80×62	120.5×80×62	140×80×62	190×80×62
程序存储器: 可在运行模式下编辑	4096 字节	4096 字节	8192 字节	12288 字节	16384 字节
不可在运行模式下编辑	4096 字节	4096 字节	12288 字节	16384 字节	24576 字节
数据存储区	2048 字节	2048 字节	8192 字节	10240 字节	10240 字节
掉电保持时间	50h	50h	100h	100h	100h
本机 I/O 数字量 模拟量	6 入/4 出 —	8 入 6 出 —	14 入 10 出 —	14 入 10 出 2 入 1 出	24 入 16 出 —
扩展模块数量	0 个	2 个	7 个	7 个	7 个
高数计数器 单相 双相	4 路 30kHz 2 路 20kHz	4 路 30kHz 2 路 20kHz	6 路 30kHz 4 路 20kHz	4 路 30kHz 2 路 200kHz 3 路 20kHz 1 路 100kHz	6 路 30kHz 4 路 20kHz
脉冲输出(DC)	2 路 20kHz	2 路 20kHz	2 路 20kHz	2 路 100kHz	2 路 20kHz
模拟电位器	1	1	2	2	2
实时时钟	配时钟卡	配时钟卡	内置	内置	内置
通信口	1 RS - 485	1 RS - 485	1 RS - 485	2 RS - 485	2 RS - 485
浮点数运算	有				
I/O 映像区	256(128 入/128 出)				
布尔指令执行速度	0.22μs/指令				

附录三　S7 - 200 PLC 扩展模块

分　类	型　号	I/O 规格	功能及用途
数字量扩展模块	EM221	DI8 × DC 24V	8 路数字量 24V DC 输入
	EM222	DO4 × DC 24V - 5A	4 路数字量 24V DC 输出(固态 MOSFET)
		DO4 × 继电器 - 10A	4 路数字量继电器输出
		DO8 × DC 24V - 0.75	8 路数字量 24V DC 输出(固态 MOSFET)
		DO8 × 继电器 - 2A	8 路数字量继电器输出
		DO8 × 120/230V AC	8 路 120/230V AC 输出
	EM223	DI4/DO4 × DC 24V	4 路数字量 24V DC 输入、输出(固态)
		DI4/DO4 × DC 24V 继电器	4 路数字量 24V DC 输入 4 路数字量继电器输出
		DI8/DO8 × DC 24V	8 路数字量 24V DC 输入、输出(固态)
		DI8/DO8 × DC 24V 继电器	8 路数字量 24V DC 输入 8 路数字量继电器输出
		DI16/DO16 × DC 24V	16 路数字量 24V DC 输入、输出(固态)
		DI16/DO16 × DC 24V 继电器	16 路数字量 24V DC 输入 16 路数字量继电器输出
模拟量模块	EM231	AI4 × 12 位	4 路模拟输入,12 位 A/D 转换
		AI4 × 热电偶	4 路热电偶模拟输入
		AI4 × RTD	4 路热电阻模拟输入
	EM232	AQ2 × 12 位	2 路模拟输出
	EM235	AI4/AQ1 × 12	4 模拟输入,1 模拟输出,12 位转换
通信模块	EM227	PROFIBUS - DP	将 S7 - 200 CPU 作为从站连接到网络
	EM241	Modem(调制解调器)模块	将 S7 - 200 直接与模拟电话线连接
	CP243 - 1	以太网模块	可使 S7 - 200 PLC 与工业以太网络连接
	CP243 - 1 IT	因特网模块	兼容 CP243 - 1,在互联网运行
	CP243 - 2	AS - i 接口模块	远程 I/O 连接模块,用于 S7 - 200 PLC 远程 I/O 控制或构成分布式系统
现场设备接口模块	EM253	定位模块	生成用于步进电机或伺服电机速度和位置开环控制装置的脉冲串

附录四 西门子 MM440 变频器常用系统参数

P0003 用户的参数访问级别

- =1 标准级：可以访问经常使用的一些参数
- =2 扩展级：允许扩展访问参数的范围
- =3 专家级：只供专家使用
- =4 维修级：只供授权的维修人员使用

P0004 参数过滤器

- =0 全部参数
- =2 变频器参数
- =3 电动机参数
- =4 速度参数
- =7 命令，二进制 I/O
- =8 模拟 I/O
- =10 设定值通道/RFG
- =12 驱动装置的特征
- =13 电动机的控制
- =21 报警/警告/监控
- =22 工艺参量控制器

P0005 显示选择

- =21 实际频率
- =25 输出电压
- =26 直流回路电压
- =27 输出电流

P0010 调试参数过滤器

- =0 准备
- =1 快速调试
- =2 变频器
- =29 下载
- =30 工厂的设定值

P0013 用户定义的参数

定义一个有限的最终用户将要访问的参数

P0100 使用地区

- =0 欧洲，50Hz
- =2 北美，60Hz

P0300　选择电动机的类型

=1　异步电动机

=2　同步电动机

P0304　电动机的额定电压

P0305　电动机的额定电流

P0307　电动机的额定功率

P0308　电动机的额定功率因数

P0309　电动机的额定效率

P0310　电动机的额定频率

P0311　电动机的额定转速

P0700　选择命令源

=0　工厂的缺省

=1　BOP 设置

=2　由端子排输入

=4　BOP 链路的 USS 设置

=5　COM 链路的 USS 设置

P0701　数字输入 1 的功能

=0　禁止数字输入

=1　ON/OFF1 接通正转/停车命令 1

=2　ON/OFF1 接通反转/停车命令 1

=3　OFF2 停车命令 2，惯性自由停车

=4　OFF3 停车命令 3，斜坡函数曲线减速停车

=9　故障确认

=10　正转点动

=11　反转点动

=13　MOP 升速

=14　MOP 减速

=15　固定频率设定值(直接选择)

=16　固定频率设定值(直接选择 + ON 命令)

=17　固定频率设定值(二进制编码选择 + ON 命令)

=25　直流注入制动

=99　使能 BICO 参数化

P0702　数字输入 2 的功能

同 P0701

P0703　数字输入 3 的功能

同 P0701

P0704　数字输入 4 的功能

同 P0701

P0705　数字输入 5 的功能

同 P0701

P0706　数字输入 6 的功能

同 P0701

P0707　数字输入 7 的功能

同 P0701

P0708　数字输入 8 的功能

同 P0701

P0719　命令和频率设定值选择

=0　命令 = BICO 参数　　设定值 = BICO 参数
=1　命令 = BICO 参数　　设定值 = MOP 参数
=2　命令 = BICO 参数　　设定值 = 模拟设定值
=3　命令 = BICO 参数　　设定值 = 固定频率
=4　命令 = BICO 参数　　设定值 = BOP 链路的 USS
=5　命令 = BICO 参数　　设定值 = COM 链路的 USS
=6　命令 = BICO 参数　　设定值 = COM 链路的 CB
=10　命令 = BOP　　设定值 = BICO 参数
=11　命令 = BOP　　设定值 = MOP 参数
=12　命令 = BOP　　设定值 = 模拟设定值
=13　命令 = BOP　　设定值 = 固定频率
=14　命令 = BOP　　设定值 = BOP 链路的 USS
=15　命令 = BOP　　设定值 = COM 链路的 USS
=16　命令 = BOP　　设定值 = COM 链路的 CB

P0730　数字输出的数目

P0731　BI：数字输出 1 的功能

=52.0　变频器准备
=52.1　变频器运行准备就绪
=52.2　变频器正在运行
=52.3　变频器故障
=52.4　OFF2 停车命令有效
=52.5　OFF3 停车命令有效

=52.6 禁止合闸

=52.7 变频器报警

=52.8 实际值/设定值偏差过大

P0732 BI：**数字输出 2 的功能**

P0733 BI：**数字输出 3 的功能**

P0756 **ADC 的类型**

=0 单极性电压输入(0 ~ +10V)

=1 带监控的单极性电压输入(0 至 +10V)

=2 单极性电流输入(0 ~20mA)

=3 带监控的单极性电流输入(0 ~20mA)

=4 双极性电压输入(-10 ~ +10V)

P0771 CI：**DAC 的功能**

=21 CO：实际频率

=24 CO：实际输出频率

=25 CO：实际输出电压

=26 CO：实际直流回路电压

=27 CO：实际输出电流

P0776 **DAC 的类型**

=0 电流输出

=1 电压输出

P0970 **工厂复位**

=0 禁止复位

=1 参数复位

P1000 **频率设定值的选择**

=0 无主设定值

=1 MOP 设定值

=2 模拟设定值

=3 固定频率

=4 通过 BOP 链路的 USS 设定

=5 通过 COM 链路的 USS 设定

=6 通过 CB 链路的 USS 设定

P1001 **固定频率 1**

P1002 **固定频率 2**

P1003 **固定频率 3**

P1004 **固定频率 4**

P1005　　固定频率 5

P1006　　固定频率 6

P1007　　固定频率 7

P1008　　固定频率 8

P1009　　固定频率 9

P1010　　固定频率 10

P1011　　固定频率 11

P1012　　固定频率 12

P1013　　固定频率 13

P1014　　固定频率 14

P1015　　固定频率 15

P1040　　MOP 设定值

P1058　　正向点动频率

P1059　　反向点动频率

P1060　　点动的斜坡上升时间

P1061　　点动的斜坡下降时间

P1070　　CI：主设定值

　=755　　模拟输入 1 设定值

　=1024　　固定频率设定值

　=1050　　MOP 设定值

P1080　　最低频率

P1082　　最高频率

P1084　　最终的频率最高值

P1091　　跳转频率 1

P1094　　跳转频率 4

P1101　　跳转频率的频带宽度

P1110　　BI：禁止负的频率设定值

　=0　　允许

　=1　　禁止

P1120　　斜坡上升时间

P1121　斜坡下降时间

P1300　变频器的控制方式

=0　线性特征的 V/f 控制

=1　带磁通电流控制的 V/f 控制

=2　带抛物线特征的 V/f 控制

=3　特性曲线可编程的 V/f 控制

P2000　基准频率

P2200　BI：允许 PID 控制器投入

P2201　PID 控制器固定频率设定值 1

P3900　结束快速调试

=0　不用快速调试

=1　结束快速调试，并按工厂设置复位参数

=2　结束快速调试

=3　结束快速调试，只进行电动机数据计算

P3981　故障复位

=0　故障不复位

=1　故障复位

参考文献

［1］SIEMENS SIMATIC S7 – 200 可编程控制器系统手册(版本 08/2005)

［2］STEP 7_ Micro – WIN 使用说明

［3］SIEMENS MICROMASTER440 通用型变频器 0.12 ~ 250kW 使用大全(版本 12/03)

［4］SIEMENS SIMATIC HMI 设备 Smart700 IE、Smart1000 IE 操作说明(版本 07/2012)

［5］WinCC – MicroWIN 使用说明

［6］孙平. 可编程控制器原理及应用［M］. 北京：高等教育出版社，2014.

［7］张永飞，姜秀玲. PLC 程序设计与调试 – 项目化教程［M］. 大连：大连理工大学出版社，2015.

［8］徐铁. 电气控制与 PLC 实训［M］. 北京：中国电力出版社，2012.

［9］阮友德. PLC、变频器、触摸屏综合应用实训［M］. 北京：中国电力出版社，2009.

［10］童克波. 变频器原理及应用技术(MM440)［M］. 大连：大连理工大学出版社，2014.

［11］张伟林，吴清荣. 西门子 PLC 变频器与触摸屏综合应用实训［M］. 北京：中国电力出版社，2016.

［12］阳胜峰，吴志敏. 西门子 PLC 与变频器触摸屏综合应用教程［M］. 北京：中国电力出版社，2013.